BIBLIOTHÈQUE DES PROFESSIONS INDUSTRIELLES ET AGRICOLES
SÉRIE H, No 14.

GUIDE PRATIQUE

POUR LE CHOIX

DE LA VACHE LAITIÈRE

PAR

ERNEST DUBOS

VÉTÉRINAIRE DE L'ARRONDISSEMENT DE BEAUVAIS
PROFESSEUR DE ZOOTECHNIE A L'INSTITUT AGRICOLE DE LA MÊME VILLE.

« Avec les moyens dont on peut disposer maintenant dans le choix des vaches
laitières, personne ne devrait plus en
nourrir de mauvaises. »

(A. Sanson.)

PARIS

LIBRAIRIE SCIENTIFIQUE, INDUSTRIELLE ET AGRICOLE
EUGÈNE LACROIX, ÉDITEUR
LIBRAIRE DE LA SOCIÉTÉ DES INGÉNIEURS CIVILS
QUAI MALAQUAIS, 15

1867

GUIDE PRATIQUE

POUR LE CHOIX

DE LA VACHE LAITIÈRE

Corbeil — Typ. et stér. de Crété.

BIBLIOTHÈQUE DES PROFESSIONS INDUSTRIELLES ET AGRICOLES
SÉRIE H, No 14.

GUIDE PRATIQUE

POUR LE CHOIX

DE LA VACHE LAITIÈRE

PAR

ERNEST DUBOS

VÉTÉRINAIRE DE L'ARRONDISSEMENT DE BEAUVAIS
PROFESSEUR DE ZOOTECHNIE A L'INSTITUT AGRICOLE DE LA MÊME VILLE.

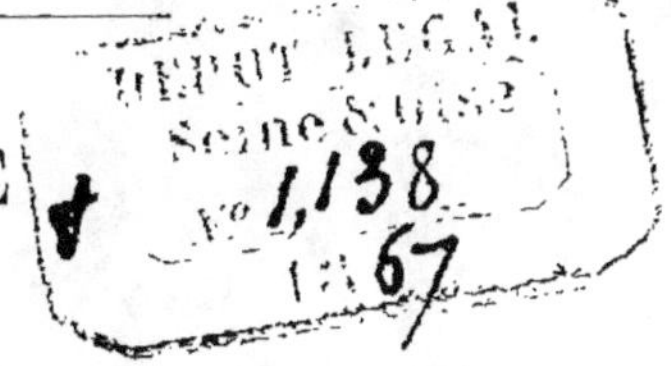

> « Avec les moyens dont on peut dis-
> poser maintenant dans le choix des vaches
> laitières, personne ne devrait plus en
> nourrir de mauvaises. »
>
> (A. SANSON.)

PARIS

LIBRAIRIE SCIENTIFIQUE, INDUSTRIELLE ET AGRICOLE
EUGÈNE LACROIX, ÉDITEUR
LIBRAIRE DE LA SOCIÉTÉ DES INGÉNIEURS CIVILS
QUAI MALAQUAIS, 15

1867

GUIDE PRATIQUE

POUR LE

CHOIX DE LA VACHE LAITIÈRE

CHAPITRE PREMIER

De l'influence de l'âge et du caractère des animaux. — Du climat. — De la stabulation et de l'alimentation sur la production du lait. — Rendement moyen de la vache laitière.

Toutes les espèces animales que l'homme a soumises aux lois de la domesticité, jouissent d'aptitudes diverses ; et chacune de ces aptitudes répond à un besoin de l'espèce humaine. Nous exigeons du cheval le développement de force musculaire capable de déplacer de lourds fardeaux ; nous profitons de son agilité pour parcourir avec lui de longues distances ; nous avons même de la tendance à lui demander une partie de notre nourriture. Le mouton fournit la toison que l'industrie transforme dans ses nombreuses manufactures, et nous trouvons dans sa chair un aliment succulent autant que fortifiant. Des animaux de l'espèce bovine l'homme obtient aussi des produits variés. Dans certaines contrées de la France, les bœufs, les vaches aussi, sont utilisés pour accomplir les travaux des champs ; ils remplacent en touts points les chevaux ; pendant leur vie, les femelles bovines sécrètent un liquide bienfaisant qui est le premier aliment de l'homme dans le jeune âge, et dont nous continuons l'usage pendant toute notre existence, sinon tel qu'il est tiré des mamelles, du moins après qu'il a subi certaines modifications. Enfin la chair des animaux bovins n'est-elle pas un aliment très-estimé pour l'alimentation de l'homme ?

Le lait et les produits qu'on en tire sont d'une utilité si grande que l'animal qui le fournit doit être l'objet de soins intelligemment répartis, afin de favoriser chez lui la sécrétion des mamelles et de maintenir à un haut degré de puissance sa qualité laitière. Rien cependant n'est variable comme le rendement en lait chez les femelles bovines. Plusieurs circonstances peuvent modifier, soit avantageusement, soit défavorablement, l'activité fonctionnelle des mamelles.

Des différents climats dans lesquels ces animaux sont appelés à vivre, le climat humide, celui dont la température est assez uniforme, est le plus favorable à l'entretien des vaches laitières ; par contre, les climats froids ne sont pas propices pour la production du lait. Sous l'impression du froid, la vie semble se concentrer plus particulièrement sur les organes intérieurs du corps ; les sécrétions extérieures perdent notablement de leur activité. Les mamelles de la vache, placées au-dessous du ventre, entre les cuisses, ne sont pas à l'abri du contact de l'air froid ; leur travail de sécrétion se trouve amoindri parce que ces organes sont alors le siége d'une affluence de sang moins considérable.

La propriété laitière de la vache n'est pas non plus la même pendant toute la durée de son existence. Chez les jeunes bêtes, le lait n'est fourni qu'en petite quantité, et encore ce liquide n'a-t-il pas les qualités désirables. Cela se comprend au reste ; une partie de la nourriture qui, chez la bête adulte, se transforme en lait est utilisée à l'accroissement du corps chez le jeune animal ; les organes sécréteurs chez lui n'ont point encore atteint leur entier développement. C'est après le troisième veau, c'est-à-dire quand les vaches sont arrivées à l'âge de quatre à cinq ans, que le produit en lait et que la qualité de ce liquide atteignent leur summum d'intensité. La sécrétion abondante se maintient ensuite pendant plusieurs vélages ; ordinairement la lactation diminue, sous tous les rapports, vers la dixième année : un peu plus tard, alors que les vaches sont arrivées à douze ou treize ans, elles sont considérées comme usées ; on ne saurait plus les entretenir avec profit pour la production du lait.

Nous verrons, dans le cours de cet ouvrage, que la race a aussi de l'influence sur les qualités laitières de la vache ; non pas assurément que tous les individus d'une race généralement estimée soient indubitablement de bons producteurs de lait, et qu'il faille les accepter les yeux fermés ; mais il est hors de toute contestation que certaines races présentent plus de sujets doués de qualités que certaines autres.

Autrefois les nourrisseurs des environs des grandes villes, et notamment ceux des faubourgs de Paris, tenaient leurs vaches dans un état permanent de stabulation. Ils les laissaient attachées à l'auge, sans jamais les sortir, depuis leur entrée dans l'étable jusqu'au moment où elles étaient conduites à l'abattoir. Ces animaux passaient leur vie, non pas dans des locaux spacieux, bien aérés, mais dans des habitations étroites, au milieu d'une atmosphère chaude et humide. Bien qu'ils comprissent qu'une telle hygiène était contraire à la santé de leurs bêtes et qu'elle conduisait celles-ci insensiblement à contracter une maladie de poitrine incurable, les nourrisseurs, guidés seulement par leur intérêt, obtenaient une très-grande quantité de lait. Cet exemple n'est assurément pas un de ceux qu'il faille recommander ; seulement on ne peut s'empêcher de reconnaître que l'état de séjour à l'étable, que la stabulation, hygiéniquement pratiquée, ne soit favorable au point de vue de la quantité du lait, mais non pas eu égard à la qualité de ce liquide.

Tous les auteurs qui ont écrit sur la vache laitière demandent aux animaux un caractère doux, en même temps qu'ils exigent des personnes qui les approchent de la patience et de la mansuétude. Ces recommandations sont justes ; les impressions morales nuisent à la sécrétion des mamelles aussi bien qu'à la qualité de leur produit.

Est-il nécessaire de dire que l'alimentation a une grande influence sur la production et les propriétés du lait ? Personne n'ignore aujourd'hui que l'activité fonctionnelle des mamelles est en raison de l'abondance et de la richesse du sang ; c'est-à-dire en raison de la nourriture. Les variations, apportées dans la quantité des rations, dans la nature des végétaux qui les composent, se font sentir et dans le rendement et dans les propriétés du lait.

Toutes ces influences diverses amènent donc des fluctuations sensibles dans le rendement des vaches laitières, aussi bien que dans la qualité du liquide recueilli des mamelles. Pour bien apprécier ce que donne une femelle bovine, il faut, en dehors des signes que nous indiquerons dans un des chapitres de ce livre, connaître quelles sont les habitudes d'habitation, de climat, de nourriture, etc... Malgré les circonstances qui peuvent agir, ainsi que nous venons de le dire, on s'est attaché à savoir quel est le rendement moyen de la vache laitière ; voici quelques-unes des données fournies par les statistiques et l'observation.

D'après les chiffres contenus dans les dernières publications du Ministère, la quantité moyenne de lait donnée annuellement par une vache est de 933 litres et le prix moyen d'un litre de lait est de 13 centimes. Cette même statistique donne la somme de 160 fr. pour le revenu produit par une vache (lait, beurre, fromage, veau, engrais, travail). Ces chiffres sont de beaucoup inférieurs à ceux consignés dans les ouvrages des agronomes, qui se sont occupé de cette même question du rendement moyen en lait. Toutefois la différence s'explique par ces considérations, que la moyenne officielle a été prise pour toute l'étendue de la France divisée en 9 régions ; que dans les trois premières régions, qui comprennent la région Nord-Ouest, la région Nord et celle Nord-Est, c'est-à-dire dans 30 départements, la moyenne du lait fourni annuellement par une vache est 1,017 à 1,165 litres, et qu'elle n'est que de 934 à 551 litres dans le reste de la France.

M. Collot, propriétaire agriculteur, auteur d'un excellent traité spécial de la vache laitière et de l'élève du bétail, prétend qu'une bonne femelle bovine donne par année un bénéfice net de 222 fr.

M. Gossin, dans son remarquable ouvrage, *l'Agriculture française*, fait des vaches laitières la classification suivante : on considère, dit-il, comme étant de *premier ordre :* 1° dans les grandes races (taille de 1 mètre 30 à 1 mètre 50), les vaches qui, pour une consommation journalière équivalente à 22 kilos de foin, rendent pendant quatre mois, à partir de la naissance du veau, 25 à 35 litres de lait par jour, diminuent ensuite progressivement, et peuvent encore être traites six semaines avant un nouveau part; 2° dans les races moyennes (taille de 1 mètre 15 à 1 mètre 30), celles qui, en consommant 15 kilos de foin, donnent 18 à 25 litres; 3° dans les petites races, (taille de 1 mètre à 1 mètre 15), celles qui, pour 10 kilos de foin, donnent 10 à 15 litres. Les vaches dites de *second ordre* produisent, dans les grandes races, 12 à 20 litres, et cessent d'être traites deux à trois mois avant la mise bas, — dans les moyennes 10 à 15 litres, dans les petites 7 à 9. Toutes les vaches dont le produit est inférieur sont mauvaises laitières ou de *troisième ordre.*

Pour bien apprécier ce que peut fournir de lait une femelle bovine pendant une année, prenons le rendement moyen, entre le produit de la bonne et celui de la mauvaise vache, et estimons ce rendement à 9 litres par jour. L'année de production n'est pour nous que de 300 jours, parce qu'il faut retrancher de l'année ordinaire les 40 jours qui précèdent le vélage ; les 5 jours qui le suivent et 20 jours pour les cas imprévus, tels que maladie, indispositions, accidents pouvant arrêter la sécrétion laiteuse ou en diminuer la somme de produit ; les jours qui souvent aussi s'écoulent au delà du terme normal de la gestation ; ainsi 9 litres de lait par jour pendant 300 jours donnent un total de 2,700 litres ; en estimant le prix de chaque litre à 10 centimes, prix inférieur encore à la moyenne indiquée dans la statistique officielle, nous obtenons 270 francs comme représentant la valeur du lait fourni annuellement par une vache. Pour arriver à connaître le bénéfice net, il faudrait ajouter à cette somme le prix du fumier, puis défalquer les frais de nourriture ainsi que les frais accessoires. Ces appréciations ne sont pas assurément d'une exactitude mathématique, le rendement pouvant varier suivant un grand nombre de circonstances ; néanmoins il demeure établi qu'il y a toujours avantage à entretenir des vaches à lait et que ce moyen est le plus avantageux pour tirer parti des fourrages spontanément produits par le sol. Comment n'obtiendrait-on pas de bénéfice dans la production d'un liquide dont l'utilité est d'autant plus grande qu'il se prête facilement aux manipulations qui le convertissent en denrées d'un usage quotidien presque indispensable ? s'il n'est pas vendu en nature, le lait est en partie consommé pour les besoins du ménage, ou bien il sert à confectionner du beurre ou du fromage. Dans certaines contrées on l'utilise pour l'alimentation des jeunes veaux qu'on veut pousser à un engraissement rapide ou élever pour la reproduction de l'espèce ; le lait de beurre, le lait caillé, sont employés soit à l'élevage des veaux, soit à l'engraissement des porcs ; ils fournissent aussi des fromages maigres pour la consommation de la ferme.

Une preuve évidente que l'entretien de la vache laitière est avantageux pour la culture, c'est que le nombre des femelles bovines a toujours suivi en France une marche ascendante. Ce nombre est aujourd'hui de 5,781,465 têtes, suivant les documents officiels.

La vache laitière entre donc pour un chiffre très-élevé dans le cheptel de l'agriculture, et le commerce du lait a pris une grande extension depuis l'établissement des voies ferrées. Ces circonstances rendent nécessaire pour les cultivateurs la connaissance des considérations à l'aide desquelles on arrive à se rendre compte de la qualité des animaux qu'on veut entretenir, élever ou acheter.

La question du choix de la vache laitière est pleine d'intérêt pour tout propriétaire intelligent et sérieux ; si nous pouvons, par la rédaction de cet ouvrage, jeter quelques lumières dans le monde des agriculteurs praticiens, nous aurons atteint le but que nous nous sommes proposé en l'écrivant.

CHAPITRE DEUXIÈME

Du lait. — Généralités. — Propriétés physiques et chimiques du lait. — Des modifications que peut éprouver le lait dans ses propriétés. — Altérations du lait : lait rouge, lait bleu, lait jaune.

Le lait, liquide sécrété par les glandes mammaires des femelles des mammifères, est le premier aliment que reçoit le jeune sujet immédiatement après sa naissance et qui lui est continué pendant les premiers mois de son existence ; c'est de toutes les substances animales celle qui a le plus de rapport avec le règne végétal auquel plus tard les animaux demandent les éléments assimilables nécessaires non pas seulement à l'entretien de leur vie, mais indispensables aussi pour acquérir leur développement. Ce premier aliment plaît à tous les animaux ; presque tous les estomacs le digèrent facilement.

Récemment extrait de la mamelle de la vache, le lait se présente sous la forme d'un liquide opaque, de couleur blanche un peu jaunâtre ; la sensation qu'en éprouve le palais est douce et légèrement sucrée.

Les hommes de science qui se sont occupés de rechercher la composition intime de ce liquide prove-

nant des femelles de l'espèce bovine, sont arrivés à reconnaître qu'il renferme à peu près pour 100 parties :

	Parties.
Eau	87
Fromage	4
Beurre	4
Sucre de lait et sels solubles	5
	100

Ces différents principes constitutifs du lait ont reçu
des noms plus scientifiques que nous devons faire connaître, aujourd'hui surtout que les notions élémen-
taires de la chimie sont assez répandues dans le monde
agricole. La partie du lait avec laquelle il est possible
de confectionner le fromage est appelée le *caséum*;
celle qui donne le beurre est dite matière *butyreuse*,
et enfin l'eau a reçu le nom de *sérum*.

Le lait exposé à l'air devient acide en très-peu de
temps ; cette modification se reconnaît facilement par
la dégustation et l'odorat. Placé sur le feu, il supporte
l'action de la chaleur ; il arrive même jusqu'à l'ébullition sans se coaguler, seulement sa surface se recouvre
de pellicules membraneuses. Ces pellicules se forment
de nouveau à mesure qu'on les enlève. Nous savons
par une expérience quotidienne qu'au moment où le
lait a absorbé assez de calorique pour bouillir, il se
boursoufle, *il monte*, suivant l'expression usuellement adoptée dans les ménages, et il ne tarde pas à dé-
passer les bords du vase qui le contient, à moins que

celui-ci soit d'une très-grande capacité comparative-ment à la quantité du liquide.

Abandonné à lui-même, à la température de 10 à 12 degrés du thermomètre centigrade, qu'il soit en contact avec l'air ou qu'il soit privé de ce contact, le lait se sépare en deux parties. La première, celle qui surnage parce qu'elle est plus légère que l'autre, est la *crème ;* la seconde est la partie aqueuse, c'est le *lait écrémé.*

La crème, formée de beaucoup de beurre, d'une certaine quantité de caséum et de petit-lait, est incolore ou mieux d'un blanc jaunâtre, onctueuse et douée d'une saveur agréable. Examinée à l'aide d'un instrument grossissant qu'on désigne sous le nom de microscope, elle paraît être composée par des globules qui doivent à la graisse leur légèreté spécifique ; on y trouve aussi de la caséine et du sérum qui ont été entraînés par les globules. Selon le chimiste Berzélius, 100 parties de crème contiennent 4,5 de beurre obtenu par le battage ; 3,5 de caséine résultant de la coagulation du lait de beurre et 92 de sérum.

Quant au lait écrémé, sa composition accusée est de 92.875 d'eau ; 2.600 de caséine avec traces de beurre ; 3.500 de sucre de lait, et enfin acide lactique, etc., 0.600 pour 100 parties.

Les données que nous venons de rapporter sur la composition du lait sont celles indiquées comme type par les chimistes. Mais il est rare, il faut de suite le reconnaître, que ce liquide possède tous ses éléments en de semblables proportions. De tous les produits de l'économie animale, celui qui est sécrété par les mamelles est peut-être le plus subtil à éprouver les impressions des différentes causes apportant un changement dans les habitudes des femelles bovines. Tous les jours nous voyons la quantité de lait fournie par une vache diminuer sous l'influence même d'un simple malaise. Qui ne sait que les impressions morales ont de l'effet sur la facilité ou la difficulté qu'on éprouve à recueillir ce liquide au moment de la traite? Nous avons vu souvent telles vaches s'émouvoir à ce point, à la présence d'un homme ou d'un animal étranger dans l'étable, que le lait ne pouvait être extrait du pis. En dehors des causes physiques, sur lesquelles au reste nous reviendrons tout à l'heure, capables de modifier momentanément le produit de la sécrétion des glandes mammaires, il en est d'autres, dites physiologiques, indépendantes de la volonté de la femelle dont les effets ont été particulièrement observés par le chimiste Lassaigne. Les observations de ce savant ont pour la pratique une trop grande importance pour que nous ne nous y arrêtions pas quelques instants. M. Lassaigne a reconnu que chez la vache, 30 à 40 jours avant la parturition, le lait est totalement dépourvu de caséine, de sucre et d'acide lactique; que 10 jours avant le part, ce liquide acquiert déjà une saveur sucrée, qu'il contient toutes les substances qu'on trouve dans le lait ordinaire, plus en-

core une certaine proportion d'albumine ou substance
ayant une grande analogie avec le blanc d'œuf ; qu'enfin quelques jours avant et quelques jours après la parturition, ce liquide est jaunâtre, d'une saveur peu
agréable et jouit de propriétés purgatives. Ce premier
lait a reçu un nom particulier ; on l'appelle *colostrum*.
Ses propriétés purgatives en font un précieux aliment
pour le sujet qui vient de naître. Grâce au colostrum,
les intestins du veau sont débarrassés des impuretés
qu'ils contiennent (*méconium*). On a donc grand tort
de jeter ce premier lait et d'en priver le jeune sujet,
ainsi que cela se pratique encore chez les cultivateurs
peu expérimentés. Agir ainsi, n'est-ce pas contrarier
les prévenances de dame Nature ? N'est-ce pas enlever
aux nouveau-nés le bienfait d'un purgatif qui assainit
leur corps dès leur entrée dans le monde ? Cette raison toute physiologique devrait faire abandonner à jamais une routine vicieuse.

Les aliments distribués aux vaches ont une influence marquée sur les qualités du lait ; cette influence est la conséquence, non-seulement de la
composition des rations, mais aussi de la nature des
végétaux. Admettons que, par suite de circonstances
imprévues, un cultivateur se trouve dans l'impossi-
bilité de nourrir convenablement ses animaux ; il verra
assurément le produit de la traite devenir moins abondant ; il remarquera également que la partie butyreuse
s'y trouvera proportionnellement en moindre quantité.

Mais si les circonstances le placent dans des conditions tout à fait opposées ; s'il peut fournir à son bétail des aliments succulents avec abondance, alors l'activité fonctionnelle des mamelles sera augmentée, et le produit acquerra de fortes propriétés butyreuses. De même la nourriture verte, aqueuse, fournira à l'économie les éléments du lait, mais d'un lait plus clair, plus léger.

Le lait se modifie aussi dans sa composition, et surtout dans ses caractères physiques, sous l'influence de certaines plantes ou de certains principes alimentaires. Ainsi l'huile volatile et le principe gommo-résineux amer qui résident dans certaines plantes, au nombre desquelles nous citerons la *sauge des bois* et la *toque*, infectent le lait des vaches qui s'en nourrissent même en petite quantité. Les feuilles des *sureaux* donnent à ce même liquide un goût prononcé d'urine ; le goût acide provient ordinairement des jeunes pousses et des feuilles de la vigne ; un goût fade et aqueux est contracté par le lait des vaches qui se nourrissent de feuilles de laitue ; il est rance, avec un goût de renfermé, chez les bêtes auxquelles on donne avec abondance et sans les mélanger assez avec de la nourriture fraîche, des pailles d'avoine, d'orge et de seigle. Les feuilles d'artichaut communiquent au lait une légère amertume. Citons encore le poireau, l'ail commun, qui donnent au liquide des mamelles une saveur alliacée ; les fanes de pommes de terre, la moutarde sauvage ; différentes variétés de choux, de navets, de raves font contracter au lait un goût désagréable. Ce n'est pas seulement au palais du consommateur que les modifications apportées dans les propriétés physiques du lait se traduisent, elles s'accusent aussi à l'odorat. Personne n'ignore l'odeur aromatique qui s'exhale du lait provenant des vaches dont l'alimentation a pour base la carotte ; le cerfeuil, le céleri, lui communiquent aussi leur odeur particulière. Ajoutons encore que le lait est modifié dans sa consistance, dans ses propriétés, dans sa couleur, par l'usage de certains végétaux présentés aux femelles bovines.

Cette énumération restreinte des effets produits sur le liquide mammaire vient confirmer l'assertion que nous avons précédemment émise, sur la susceptibilité du lait. Le moindre écart dans le régime alimentaire, l'usage trop longtemps continué d'un même aliment, font éprouver des modifications au lait ; il en est de même de la négligence qu'on peut apporter dans la bonne tenue des étables. Il est enfin de toute évidence que, lors de l'existence de maladies des mamelles ou de quelque partie de l'économie animale, le lait change de propriétés physiques et perd ses qualités normales.

Lassaigne, dans un travail postérieur aux intéressantes recherches publiées par lui en 1832, a voulu déterminer les variations éprouvées par le lait de vache, lorsque l'animal est soumis au *même régime* alimentaire pendant un temps assez long. Voici les résultats qu'il a obtenus : 1° le lait fourni par ses animaux offre des variations très-sensibles dans sa densité, la proportion d'eau qu'il renferme, et la quantité de crème ou de matière butyreuse qui s'en séparent spontanément ; 2° la quantité d'eau qui existe naturellement dans ce fluide s'élève, d'après la moyenne des expériences, à 87,6 pour 100 ; 3° La proportion de crème est extrêmement variable et paraît décroître, le plus ordinairement, à mesure que la densité du lait devient plus grande.

En plus des modifications que nous venons d'énumérer, le lait est sujet à des altérations dont les causes sont parfois peu appréciables. De ces altérations les plus communes sont :

Le *lait rouge*. Cette couleur, que revêt quelquefois le liquide extrait des mamelles de certaines vaches, est due soit à une maladie des organes sécréteurs eux-mêmes, soit à l'influence des aliments consommés par les animaux. Dans le premier cas, la couleur seule du lait est altérée, et la saveur reste normale. Si la coloration rouge doit être attribuée à la nourriture, celle-ci a plus profondément modifié le liquide, sa teinte est en quelque sorte plus homogène ; on ne remarque pas de stries sanguines. Les plantes qui donnent au lait une couleur rouge sont, entre autres, la *garance*, les *gaillets*, l'*herbe à esquinancie*, et, suivant quelques observateurs praticiens, la *prêle des marais*.

Le *lait bleu*. Il arrive aussi que le lait prend une

nuance bleuâtre, non pas tout à coup, mais insensiblement. Ainsi, on aperçoit d'abord à sa surface quelques points légèrement bleus ; puis ces points deviennent plus nombreux et prennent plus d'étendue ; bientôt ils se réunissent, se confondent, et la coloration bleue s'étend à toute la surface du liquide. Parmi les différentes opinions émises pour expliquer cette altération, les plus sérieuses semblent être celles qui rapportent la nuance anormale au défaut de propreté des vases dans lesquels le lait est déposé et séjourne. Quelquefois aussi, dit-on, la cause se trouve dans la nature des plantes distribuées aux vaches. Selon M. Colin, le lait devient bleu par taches dans la crème, et plus tard uniformément dans le sérum, par suite du développement d'infusoires désignés, par Fuschs, sous le nom de *vibrions cyanogènes*. M. Mathieu, après des expériences, arrive à cette conclusion, que la teinte bleue revêtue par le lait est la conséquence d'une maladie de la vache. En général, il est d'observation que le lait bleu se présente rarement chez les vaches bien nourries et bien soignées, tandis que cette altération survient chez les animaux mal logés, entretenus avec des aliments mal récoltés.

Un certain nombre de plantes a été indiqué comme pouvant faire acquérir au lait la teinte bleue. Nous citerons, parmi elles, la *buglose* ou *orcanette*, la *prêle des champs*, les deux *mercuriales*, la *renouée des oiseaux*, le *sarrazin*.

Le *lait jaune*. La teinte jaune que revêt parfois le lait serait due, d'après Fuschs, à ce qu'il se développe dans sa masse, après son extraction, une espèce d'infusoires de couleur jaunâtre. Selon M. Félix Villeroy, le lait jaunâtre est un indice d'affection du foie.

L'expérience semble avoir démontré aussi que le lait prend une teinte jaunâtre sous l'influence du *curcuma*, plante dont les racines sont employées dans les arts pour la teinture des laines et de la soie.

Assurément il est facile de reconnaître par la dégustation et à l'aide de l'odorat la saveur et l'odeur du lait; mais il n'en est plus de même lorsqu'on veut s'assurer de sa qualité intrinsèque, c'est-à-dire des rapports dans lesquels se trouvent les trois parties qui entrent dans la composition du liquide : il faut alors avoir recours à l'usage d'instruments et de manipulations que nous allons faire connaître.

CHAPITRE TROISIÈME

Comment on reconnaît les qualités du lait. — Du lacto-
densimètre. — Sa description. — Précautions à prendre
pour en obtenir des renseignements exacts. — Du crémomètre. — Sa description. — Son usage. — Ces instruments sont-ils de quelque utilité pour le cultivateur ?

La qualité du lait dépend en grande partie de la
quantité des matières grasses qu'il contient. Plus
celles-ci sont abondantes, meilleur est le liquide. Pour
reconnaître en quelles proportions la partie butyreuse
se trouve dans le lait, on a inventé des instruments
particuliers désignés sous les noms de crémo-mètre,
lacto-mètre (Quevenne et Dinocourt), lacto-densimètre, lactoscope, imaginé par Donné pour mesurer
la richesse du lait en beurre. Nous ne nous occuperons
que de ceux de ces appareils dont l'usage est le plus
répandu et dont la manipulation est facile.

Lacto-densimètre.

Le lacto-densimètre est un instrument d'un prix
peu élevé, dont le cultivateur peut facilement se
servir pour connaître la densité du lait de ses vaches.
Cet instrument a beaucoup d'analogie avec le pèse-
liqueur dont se servent les distillateurs. La tige

porte 28 divisions; la première, marquée 14 ou 1,014, est à la partie supérieure; et la dernière, marquée 42 ou 1,042, à la partie inférieure. Pour plus de facilité on a supprimé sur l'échelle deux chiffres de gauche (ou 10), car la densité moyenne du lait pur est 1,031 et celle du lait écrémé 1,033. De chaque côté de l'échelle sont des accolades où se trouvent des indications sur la pureté du lait ou la quantité d'eau qui y a été ajoutée; à droite pour le lait non écrémé, à gauche pour le lait écrémé. Ces indications se rapportent toutes à la température de 15°; d'ailleurs, si on opère à une autre température, il suffit, pour faire les corrections nécessaires, de se rappeler que le lait augmente ou diminue d'un degré au lacto-densimètre par chaque variation de 5 degrés de température.

Il est indispensable, alors qu'on veut savoir la richesse du lait au lacto-densimètre, de prendre certaines précautions sans lesquelles l'opération ne saurait être bien faite. On devra agiter doucement le liquide pour le rendre homogène dans toute sa masse, car la tendance de la crème à monter est très-grande. L'éprouvette dans laquelle doit plonger l'instrument est ensuite remplie avec quelques précautions. Ainsi le liquide est versé en inclinant légèrement l'éprouvette de manière qu'il coule le long des parois; on évite ainsi la présence de la mousse; puis le lacto-densimètre est plongé jusqu'à ce qu'il ne s'enfonce plus de lui-même; et, pour être sûr qu'il est affleuré à son véritable point, on le fait plonger d'un degré de plus en appuyant légèrement dessus afin qu'il puisse ensuite remonter de ce même degré. Il est nécessaire aussi, quand l'instrument s'est enfoncé presque à son degré d'affleurement, de répandre un peu de lait de manière que celui qui reste ne s'élève plus qu'à 3 millimètres environ du bord supérieur; on place alors l'appareil sur une table et on fait plonger l'instrument de 1° de trop. Quand une fois il s'est bien fixé de lui-même à son point d'affleurement et ne bouge plus, on regarde le degré qu'il marque.

Mais, pour savoir si le degré accusé est juste, il faut connaître la température du lait. Pour cela on y plonge un thermomètre à mercure que l'on agite légèrement pour qu'il prenne bien le degré de calorique du liquide. On lit, au bout d'une demi-minute environ, quelle est la température; si elle est de 15°, l'opération est juste; mais si cette température est plus ou moins élevée, il faut faire une correction; ce à quoi l'on parvient facilement au moyen de la table que le lecteur trouvera aux pages 24 et 25.

Cette table, ainsi que l'indique la légende, contient à gauche une première ligne de chiffres verticale; ces chiffres correspondent aux degrés du lacto-densimètre. A la partie supérieure de cette table et transversalement se trouve une autre ligne de chiffres. Cette ligne de chiffres correspond aux divers degrés de température que peut offrir le lait et qu'accuse le thermomètre; elle a pour titre *Température* du lait. En suivant les deux lignes jusqu'à ce qu'elles se rencontrent, le chiffre sur lequel on arrive donne le degré réel du lait, celui qu'il marque à la température de 15° centigrades.

Si l'on voulait peser le lait très-peu de temps après la traite, il faudrait prendre encore une autre précaution. Après avoir constaté le degré du liquide et fait la correction dépendant de la température, on devrait ajouter un degré au chiffre obtenu, parce que le lait au moment de la traite a toujours une légèreté plus grande qu'après qu'il est refroidi. C'est une propriété générale de ce liquide de ne revenir à sa densité normale que 6 ou 8 heures après avoir été exposé, soit naturellement, soit artificiellement, à une température de 40° au plus.

Le lait écrémé, après un repos de vingt-quatre heures, à une température de 15° centigrades, au lacto-densimètre donne un minimum de 33° et une moyenne de 35°; pour le lait provenant du mélange de celui de plusieurs vaches, pour le lait du commerce, on a un minimum de 31°, et un maximum de 44° pour le lait provenant d'une seule vache, l'échantillon étant prélevé sur la traite entière.

Crémomètre.

Le crémomètre, dit aussi lactomètre, n'est autre chose qu'une éprouvette graduée servant à indiquer
(*Voir page* 26).

DEGRÉS DU LAIT au lacto-densimètre.	TEMPÉRATURE														
	0°	1°	2°	3°	4°	5°	6°	7°	8°	9°	10°	11°	12°	13°	14°
14°	12.9	12.9	12.9	13.0	13.0	13.1	13.1	13.1	13.2	13.3	13.4	13.5	13.6	13.7	13.8
15°	13.9	13.9	13.9	14.0	14.0	14.1	14.1	14.1	14.2	14.3	14.4	14.5	14.6	14.7	14.8
16°	14.9	14.9	14.9	15.0	15.0	15.1	15.1	15.1	15.2	15.3	15.4	15.5	15.6	15.7	15.8
17°	15.9	15.9	15.9	16.0	16.0	16.1	16.1	16.1	16.2	16.3	16.4	16.5	16.6	16.7	16.8
18°	16.9	16.9	16.9	17.0	17.0	17.1	17.1	17.1	17.2	17.3	17.4	17.5	17.6	17.7	17.8
19°	17.8	17.8	17.8	17.9	17.9	18.0	18.1	18.1	18.2	18.3	18.4	18.5	18.6	18.7	18.8
20°	18.7	18.7	18.7	18.8	18.8	18.9	19.0	19.0	19.1	19.2	19.3	19.4	19.5	19.6	19.8
21°	19.6	19.6	19.7	19.7	19.7	19.8	19.9	20.0	20.1	20.2	20.3	20.4	20.5	20.6	20.8
22°	20.6	20.6	20.7	20.7	20.7	20.8	20.9	21.0	21.1	21.2	21.3	21.4	21.5	21.6	21.8
23°	21.5	21.5	21.6	21.7	21.7	21.8	21.9	22.0	22.1	22.2	22.3	22.4	22.5	22.6	22.8
24°	22.4	22.4	22.5	22.6	22.7	22.8	22.9	23.0	23.1	23.2	23.3	23.4	23.5	23.6	23.8
25°	23.3	23.3	23.4	23.5	23.6	23.7	23.8	23.9	24.0	24.1	24.2	24.3	24.5	24.6	24.8
26°	24.3	24.3	24.4	24.5	24.6	24.7	24.8	24.9	25.0	25.1	25.2	25.3	25.5	25.6	25.8
27°	25.2	25.3	25.4	25.5	25.6	25.7	25.8	25.9	26.0	26.1	26.2	26.3	26.5	26.6	26.8
28°	26.1	26.2	26.3	26.4	26.5	26.6	26.7	26.8	26.9	27.0	27.1	27.2	27.4	27.6	27.8
29°	27.0	27.1	27.2	27.3	27.4	27.5	27.6	27.7	27.8	27.9	28.1	28.2	28.4	28.6	28.8
30°	27.9	28.0	28.1	28.2	28.3	28.4	28.5	28.6	28.7	28.8	29.0	29.2	29.4	29.6	29.8
31°	28.8	28.9	29.0	29.1	29.2	29.3	29.5	29.6	29.7	29.8	30.0	30.2	30.4	30.6	30.8
32°	29.7	29.8	29.9	30.0	30.1	30.3	30.4	30.5	30.6	30.8	31.0	31.2	31.4	31.6	31.8
33°	30.6	30.7	30.8	30.9	31.0	31.2	31.3	31.4	31.6	31.8	32.0	32.2	32.4	32.6	32.8
34°	31.5	31.6	31.7	31.8	31.9	32.1	32.2	32.3	32.5	32.7	32.9	33.1	33.3	33.5	33.8
35°	32.4	32.5	32.6	32.7	32.8	33.0	33.1	33.2	33.4	33.6	33.8	34.0	34.2	34.4	34.7

DU LAIT.

15°	16°	17°	18°	19°	20°	21°	22°	23°	24°	25°	26°	27°	28°	29°	30°
14.0	14.1	14.2	14.4	14.6	14.8	15.0	15.2	15.4	15.6	15.8	16.0	16.2	16.4	16.6	16.8
15.0	15.1	15.2	15.4	15.6	15.8	16.0	16.2	16.4	16.6	16.8	17.0	17.2	17.4	17.6	17.8
16.0	16.1	16.3	16.5	16.7	16.9	17.1	17.3	17.5	17.7	17.9	18.1	18.3	18.5	18.7	18.9
17.0	17.1	17.3	17.5	17.7	17.9	18.1	18.3	18.5	18.7	18.9	19.1	19.3	19.5	19.7	20.0
18.0	18.1	18.3	18.5	18.7	18.9	19.1	19.3	19.5	19.7	19.9	20.1	20.3	20.5	20.7	21.0
19.0	19.1	19.3	19.5	19.7	19.9	20.1	20.3	20.5	20.7	20.9	21.1	21.3	21.5	21.7	22.0
20.0	20.1	20.3	20.5	20.7	20.9	21.1	21.3	21.5	21.7	21.9	22.1	22.3	22.5	22.7	23.0
21.0	21.2	21.4	21.6	21.8	22.0	22.2	22.4	22.6	22.8	23.0	23.2	23.4	23.6	23.8	24.1
22.0	22.2	22.4	22.6	22.8	23.0	23.2	23.4	23.6	23.8	24.1	24.3	24.5	24.7	24.9	25.2
23.0	23.2	23.4	23.6	23.8	24.0	24.2	24.4	24.6	24.8	25.1	25.3	25.5	25.7	26.0	26.3
24.0	24.2	24.4	24.6	24.8	25.0	25.2	25.4	25.6	25.8	26.1	26.3	26.5	26.7	27.0	27.3
25.0	25.2	25.4	25.6	25.8	26.0	26.2	26.4	26.6	26.8	27.1	27.3	27.5	27.7	28.0	28.3
26.0	26.2	26.4	26.6	26.9	27.1	27.3	27.5	27.7	27.9	28.2	28.4	28.6	28.9	29.2	29.5
27.0	27.2	27.4	27.6	27.9	28.2	28.4	28.8	28.8	29.0	29.3	29.5	29.7	30.0	30.3	30.6
28.0	28.2	28.4	28.6	28.9	29.2	29.4	29.9	29.9	30.1	30.4	30.6	30.8	31.1	31.4	31.7
29.0	29.2	29.4	29.6	29.9	30.2	30.4	30.6	30.9	31.2	31.5	31.7	31.9	32.2	32.5	32.8
30.0	30.2	30.4	30.6	30.9	31.2	31.4	31.6	31.9	32.2	32.5	32.7	33.0	33.3	33.6	33.9
31.0	31.2	31.4	31.7	32.0	32.3	32.5	32.7	33.0	33.3	33.6	33.8	34.1	34.4	34.7	35.1
32.0	32.2	32.4	32.7	33.0	33.3	33.6	33.8	34.1	34.4	34.7	34.9	35.2	35.5	35.8	36.2
38.0	33.2	33.4	33.7	34.0	34.3	34.6	34.9	35.2	35.5	35.8	36.0	36.3	36.6	36.9	37.3
34.0	34.2	34.4	34.7	35.0	35.3	35.6	35.9	36.2	36.5	36.8	37.1	37.4	37.7	38.0	38.4
35.0	35.2	35.4	35.7	36.0	36.3	36.6	36.9	37.2	37.5	37.8	38.1	38.4	38.7	39.1	39.5

la quantité de crème contenue dans le lait. Cette espèce de verre, plus élevé qu'il n'est large, est divisé
en 100 parties depuis le trait supérieur qui se trouve
à peu de distance de l'orifice et qui est le zéro de l'é-
chelle. On emplit l'instrument de lait jusqu'au 0 ; on
le laisse en repos, dans un lieu frais, jusqu'à ce que
la crème ait monté à la surface. La hauteur de la
couche de crème marquée alors sur la graduation
indique la proportion de cet élément contenue dans
100 parties de lait. Il est établi en principe que le lait
de vache de bonne qualité contient 4 à 5 pour 100 de
beurre et marque de 15 à 16° au crémomètre.
Le bon lait de vache ne doit pas donner au-dessous
de 10 pour 100 de crème. Cet instrument, dont la
manipulation est très-simple, peut être employé avec
fruit par le cultivateur, *s'il s'en sert toujours dans les
mêmes conditions*, pour juger de la qualité du lait
d'après l'âge, la race, ou la nourriture de chaque vache. Nous soulignons avec intention les mots, s'il s'en
sert toujours dans les mêmes conditions ; et en effet,
pour que des expériences comparatives soient pro-
bantes, il est nécessaire qu'elles soient faites dans les
mêmes conditions, en dehors de toutes circonstances
pouvant avoir quelque influence sur les résultats.
Assurément on n'arriverait pas aux mêmes constatations si on examinait le crémomètre avant que le temps
nécessaire pour que la séparation de la crème ait
lieu se soit écoulé. On aurait également des différences

à noter si on négligeait de prendre en considération le degré de calorique de l'atmosphère. Ces précautions indispensables rendent évidemment l'usage du crémomètre moins trompeur qu'on pourrait le croire à première vue.

Quand on a pris le degré du lait au lacto-densimètre, on rend encore le liquide homogène par l'agitation; puis on remplit l'éprouvette jusqu'à la ligne marquée 0 degré. Le vase est placé dans un lieu où il puisse rester en repos jusqu'au lendemain, exposé à une température comprise entre les limites 12 à 15° centigrades environ. Après ce temps on voit, en regardant sur le côté de l'instrument, combien il s'est élevé de crème à la surface du lait.

Comme base de comparaison il faut ne pas oublier que le lait de bonne qualité doit renfermer, pour le liquide pris dans le commerce, celui provenant du mélange des produits de plusieurs vaches, un minimum de 9° : une moyenne de 11° ; — pour le lait provenant d'une seule vache, l'échantillon étant prélevé sur la traite entière : le minimum de 7°, et le maximum de 20°.

Ces essais se complètent par la dégustation et par l'action de la chaleur. La saveur du lait doit être douce, agréable; le liquide doit pouvoir supporter l'ébullition sans se coaguler, ou, comme on dit usuellement, *sans tourner*.

Comme complément des détails dans lesquels nous

venons d'entrer sur les procédés physiques à employer pour connaître les qualités du lait, nous ajouterons cette observation que, lorsqu'on veut faire l'examen du lait d'une seule vache, il est indispensable de n'opérer que sur un échantillon prélevé sur la totalité de la traite. En effet, le lait n'est pas le même suivant qu'on l'examine au commencement ou à la fin de l'opération. Ainsi, des expériences précédemment faites, il résulte que le lait d'une traite examiné au lacto-densimètre ou au crémomètre donne pour le premier litre :

Au lacto-densimètre....... 34° 4
Au crémomètre.......... 8°

pour le dernier litre tiré de la mamelle.

Au lacto-densimètre....... 25° 6
Au crémomètre.......... 24°

De même pour une vache fournissant 10 litres de lait à chaque traite, le premier litre a marqué 31 degrés au lacto-densimètre et le dernier litre seulement 27 degrés.

Les deux instruments que nous venons de décrire et dont nous avons expliqué les manipulations sont-ils d'une exactitude telle que l'autorité puisse s'appuyer sur les résultats qu'ils fournissent pour condamner ou absoudre les fournisseurs suspectés d'infidélité ou de tromperie? A chaque instant devant les tribunaux on entend s'élever des récriminations contre la certitude de constatation qu'on semble apporter au lacto-densimètre; et la justice, pour bien éclairer sa religion, fait procéder à l'analyse chimique du liquide dont la qualité semble être douteuse. Mais de ce que la certitude du lacto-densimètre peut, suivant les opérateurs, laisser des doutes, s'ensuit-il que cet instrument doive être rejeté par le cultivateur? Assurément non. Nous pensons même qu'il lui est d'une grande utilité. Tous les serviteurs n'ont pas, malheureusement pour leurs maîtres, un intérêt sans bornes; trop fréquemment on reconnaît chez eux de l'indifférence, quelquefois aussi un mauvais penchant à l'infidélité. La négligence apportée dans la composition et dans l'exacte distribution des rations fait sentir ses effets dans le rendement des mamelles. Celui-ci est moins abondant quand la nourriture, par suite de circonstances inconnues au maître, mais dues à l'incurie des serviteurs, n'a pas été présentée aux bêtes bovines en quantité suffisante; ou bien encore lorsque l'heure du repas a été différée. Les domestiques en défaut craignent les reproches de la part du maître; un seul moyen s'offre à eux pour se soustraire aux réprimandes, c'est de fournir quand même au laitier la quantité ordinaire de lait, sinon la qualité. Dans des circonstances plus rares, nous devons le reconnaître, l'appât d'un gain illicite, la vente frauduleuse, la réparation d'une maladresse qu'on veut cacher, peuvent conduire à l'accomplissement de la même pratique. Enfin il est une infinité de causes, que le maître ignore le plus ordinairement, qui portent à enlever au lait sa qualité normale que le consommateur est en droit d'exiger. Qui est responsable dans les constatations de fraude? Évidemment le chef de l'exploitation chez lequel le lait a été pris, c'est à lui qu'incombe toute la garantie. Plus que personne il a donc intérêt à connaître la qualité de la denrée alimentaire qu'il fournit au commerce. Eh bien, à l'aide du lacto-densimètre et du crémomètre, il arrivera facilement à constater que son lait est ou n'est pas de qualité; cette vérification le mettra à l'abri de toute accusation, toujours désagréable, de tromperie sur la qualité de la chose vendue; il se soustraira ainsi à la lourde responsabilité qui pèse sur lui; il n'aura pas à craindre une condamnation pour une fraude à laquelle il est demeuré étranger, mais dont cependant il demeure garant aux yeux du juge chargé de l'application de la loi.

Si, après avoir interrogé les instruments, le cultivateur a quelque doute sur la qualité du lait fourni par ses vaches, son devoir sera d'en rechercher, d'en connaître la cause pour, ensuite, y apporter remède. C'est parce que nous reconnaissons de quelle importance doit être le lacto-densimètre pour l'agriculteur que nous sommes entré dans des détails aussi circonstanciés sur la manière de se servir de cet instrument. Ces opérations s'effectuent en des instants si courts, qu'elles dérangent peu des occupations habituelles ; et puis il n'est pas indispensable d'y avoir recours chaque jour. Il suffit le plus souvent qu'on sache dans une exploitation agricole que l'œil du maître est vigilant pour que tout marche avec ordre, avec loyauté.

CHAPITRE QUATRIÈME

Falsification du lait. — Comment on reconnaît que ce liquide est falsifié.

Chaque jour la consommation du lait prend de l'extension dans les centres populeux ; cette denrée alimentaire se débite aujourd'hui sur une grande échelle. En même temps que le commerce du lait s'est agrandi, le prix du liquide a augmenté et en même temps aussi les moyens frauduleux employés pour falsifier cet aliment semblent avoir suivi la même progression. Jadis on se procurait facilement et à bas prix du lait pur, du lait tel qu'il avait été extrait des mamelles de la vache ; mais aujourd'hui le consommateur est très-exposé, tout en payant plus cher, à n'acheter qu'un liquide travaillé par la main frauduleuse du vendeur. Cet état des choses a éveillé l'attention de l'autorité ; des délits nombreux ont été constatés ; les auteurs ont été punis suivant les prescriptions des lois. Toutefois la sévérité des tribunaux n'arrive pas à éteindre la propension qui, de nos jours, semble invinciblement entraîner, même les producteurs aisés, et, à plus forte raison, les débitants de seconde main, à falsifier le lait.

Des divers moyens employés dans un but coupable, le plus commun est assurément celui qui consiste à ajouter de l'eau au lait pur. On augmente ainsi la quantité aux dépens de la qualité. Cette fraude, que beaucoup de gens paraissent regarder comme innocente, parce qu'elle ne saurait nuire à la santé des consommateurs, doit peut-être sa fréquence d'un côté à ce que le liquide employé, l'eau, se trouve très-facilement sous la main de l'homme malintentionné et cupide, d'un autre côté à ce qu'on a toujours une banale excuse à donner si la fraude est découverte. Quiconque a lu quelques comptes rendus d'audience de police correctionnelle a remarqué que la défense des accusés traduits à la barre du tribunal pour falsification de lait est basée sur cette circonstance fortuite, que l'eau en excès décelée par le lacto-densimètre employé conjointement avec le thermomètre, et reconnue ensuite par l'analyse chimique, a été laissée inconsidérément dans le pot à traire. Cette eau est celle du second lavage du vase, car on a, dans la maison, une très-grande propreté ; mais jamais elle n'y a été versée avec l'intention de *baptiser* le lait. Cette excuse banale, cette excuse surannée n'a plus cours aujourd'hui auprès de la justice.

Rien de plus facile que de constater cette fraude ; on la reconnaît, nous le répétons, à l'aide des instruments que nous avons précédemment décrits ; on constate la surabondance d'eau dans le lait, en soumettant celui-ci, soit au lacto-densimètre, soit pour plus de certitude au lactoscope de Donné; elle n'échappe point enfin à l'analyse chimique, qui accuse mathématiquement la quantité d'eau ajoutée. Si, une fois ou deux, la tromperie passe inaperçue, elle ne procure jamais à son auteur un bénéfice assez grand pour combler les frais d'un procès, et laver la tache faite à son honneur.

Une autre falsification, également facile à opérer, consiste à laisser la crême monter à la surface du lait, à la recueillir, et à vendre néanmoins le lait comme étant encore pur. En cette circonstance il y a certes tromperie sur la qualité de la chose vendue. Le lait écrémé, tout le monde le sait, a moins de qualité que le lait pur; il a partant une moindre valeur commerciale. Sans aucun doute un tel liquide ne saurait faire mal au consommateur, mais est-ce une raison pour ne pas franchement accuser sa nature, et le vendre le même prix que le liquide ayant conservé sa crème? L'enlèvement de la partie la plus légère du lait fait perdre à celui-ci sa couleur normale ; comme le lait écrémé n'a plus la même teinte que le lait pur, le vendeur mal intentionné a la précaution de colorer le liquide avec de la teinture de pétales du *souci des jardins*. D'autres fois, après avoir écrémé le lait, on y ajoute une émulsion de graines de *chénevis* ou d'*amandes douces*. Pour reconnaître ce mélange, il suffit de mettre le caséum exprimé sur une feuille de papier blanc : s'il y a eu addition de l'émulsion supposée, le papier sera graissé au bout de vingt-quatre heures par l'huile provenant des semences du chanvre ou de l'amandier. De même, pour donner au lait additionné d'eau la densité et l'apparence qui lui manquent, certains laitiers y versent quelquefois de l'extrait brun de *chicorée*, préparation destinée à l'épaissir et à le colorer.

Parfois encore on mêle au lait écrémé des décoctions de son, de farine, de fécule ou de toute autre matière féculente végétale ; puis on ajoute du jus de carotte pour simuler la teinte normale.

Enfin quand le lait arrive chez le crémier, il a passé par plusièurs mains qui ont pu l'altérer. Si ce fait a eu lieu, le liquide se trouve déjà être bien affaibli, aussi ne présente-t-il plus qu'une couleur terne. Pour lui donner du corps qui lui manque, pour le rendre agréable à l'œil, on a eu recours à la décoction de riz versé dans les boîtes. Il reste à donner la couleur. Pour cela on ajoute quelques gouttes de café et l'on arrive à livrer au public un liquide contenant à peine quelques parties de lait.

A défaut du crémomètre, le palais du consommateur ne contribue pas peu, sinon à constater l'enlèvement de la crème, à le faire du moins fortement soupçonner. Somme toute, c'est un mauvais procédé que celui qui consiste à livrer au commerce du lait écrémé sous la dénomination de lait pur ; système d'autant

plus mauvais que la fraude peut être facilement reconnue, et que les conséquences qu'elle entraîne sont
toujours très-sérieuses.

Au catalogue des substances étrangères que nous
venons d'indiquer il faut en ajouter d'autres qui sont
également employées pour dissimuler l'absence de la
crème et la surabondance d'eau dans le lait. Nous
mentionnerons la solution de *gomme arabique*, de
gomme adragante, les *jaunes d'œufs*, les *blancs
d'œufs*, la *cassonnade*, la *gélatine*, la *colle de poisson*,
le *suc de réglisse*, les *carottes cuites* au four. Il paraît même qu'on a été jusqu'à ajouter au lait de la
cervelle d'animaux, du sérum, du sang, etc., etc.... A
l'aide de ces substances les fraudeurs se proposent
d'augmenter la densité du lait, de relever sa saveur,
de simuler la crème qui a été soustraite en donnant au
liquide sa consistance et l'opacité convenables, en
masquant la teinte bleuâtre que prend le lait allongé
d'eau. Eh bien, tous ces moyens n'échappent pas aux
investigations minutieuses de la chimie, et, un peu plus
tôt, un peu plus tard, ils conduisent à leur perte les personnes sans conscience qui ne se font pas scrupule d'y
avoir recours.

On connaît, dit M. Delarue, que le lait et la crème
ont été falsifiés par de la farine ou de la fécule avec la
teinture d'iode. Quelques gouttes de ce réactif versées
dans le liquide après qu'il a *bouilli* lui communiquent
une *teinte bleue* d'autant plus intense que les sub-

stances féculentes ont été ajoutées en plus grande quantité.

L'amidon, les décoctions de riz, d'orge, de son, se décèlent également par la teinture d'iode, en raison de la quantité quoique très-faible de fécule qu'elles ont introduites dans le lait.

S'il est vrai que des mains coupables ajoutent quelquefois au lait des matières gommeuses dans le but de donner au liquide de la viscosité, ces matières doivent y être mises en très-petite quantité. Cette falsification n'échappe pas non plus à la science du chimiste. En effet, quand on coagule le lait pur avec un peu d'acide acétique (vinaigre fort), et qu'on verse un peu d'alcool (esprit-de-vin) dans le *petit-lait* filtré, il se forme des flocons peu abondants, très-légèrs, diaphanes et d'un blanc bleuâtre. La même expérience faite avec du lait qui renferme de la gomme arabique amène un précipité plus abondant, d'un blanc mat et opaque.

Les réactifs chimiques permettent également de reconnaître, dans le lait, l'addition de la dextrine, du sucre, de la cervelle d'animaux si toutefois cette falsification a jamais été faite, et enfin des substances oléagineuses. Ainsi, une fois que le doute existe sur la qualité du lait et sur sa falsification, on arrive d'une manière certaine non pas seulement à reconnaître la fraude, mais aussi on découvre quelle est la substance étrangère introduite dans le liquide. Triste avenir, en vérité, que la chimie réserve aux hommes mal intentionnés ! Que les fraudeurs sachent bien qu'un jour ou l'autre, leurs manipulations coupables sont découvertes ; que le châtiment auquel ils s'exposent les prive tout à coup du bénéfice illégitime qu'ils ont fait avec le temps, en entachant aussi pour toujours leur honneur ; si cette conviction était présente à l'esprit, on verrait la crainte de la punition chasser l'appât d'un gain frauduleux. Mais, et cela a lieu chez l'espèce humaine, même pour les crimes les plus odieux, toujours les coupables espèrent ne pas être connus. C'est pour cette raison sans doute, que, malgré la sévérité de la justice, on constate chaque jour de nouvelles et de nombreuses fraudes s'adressant à une denrée alimentaire très-répandue. Faire savoir, autant que faire se peut, qu'il est toujours possible d'arriver à connaître les moyens employés pour altérer les qualités normales du lait, c'est détourner de la mauvaise voie les hommes que le défaut de connaissances rend trop crédules relativement à l'impunité sur laquelle ils comptent à tort.

CHAPITRE CINQUIÈME

De la mulsion (trayage ou traite). — Anatomie des mamelles. — Comment se forme le lait dans le pis. — Qualités
à exiger du trayeur-ou de la servante de ferme. — De la
manière de traire les vaches.

Le lait sécrété par des glandes appelées mamelles
est extrait des réservoirs qui le contiennent par la suc-
cion du petit sujet, ou par des mains étrangères.
L'action de faire sortir le produit de la sécrétion
mammaire est dite *mulsion* et plus communément
trayage. On donne le nom de *traite* au produit obtenu
par le trayage. Quelquefois, cependant, l'expression
traite s'emploie pour désigner et l'action de traire et
la quantité de lait recueilli.

Avant de nous occuper des moyens employés pour
opérer la mulsion, étudions sommairement la structure des organes au sein desquels la sécrétion lactée
a lieu. Chez les femelles de l'espèce bovine, les mam-
melles sont situées à la partie postérieure du ventre,
à cet endroit qu'on appelle l'aine ; à cause de leur position, elles sont dites inguinales. Généralement peu
volumineuses avant l'âge de la fécondité et aux époques de leur inaction, elles sont paires et symétriques ;

leur nombre chez la vache est de quatre; on les divise
en deux antérieures et deux postérieures. C'est surtout vers la fin du temps de la gestation, alors que le
moment de la parturition, du vélage, approche, que
l'on voit le pis prendre du volume et acquérir de l'activité fonctionnelle.

La masse mammaire, constituant ce que l'on désigne le plus usuellement dans les campagnes, sous la
dénomination de *pis* de la vache, porte de chaque
côté deux mamelons ou trayons ; comme les glandes
auxquelles ils appartiennent, ils sont distingués en
antérieurs et postérieurs.

En arrière de ceux-ci, on voit assez souvent deux
mamelons supplémentaires qui donnent rarement du
lait. On regarde généralement comme bonne laitière
la vache qui porte ces deux trayons. Une peau souple,
plus ou moins fine, recouvre les mamelles ; cette peau
présente des poils jaunâtres, abondants et courts. Les
trayons souvent décolorés et ridés ne portent pas de
poils; à leur extrémité libre ils sont percés de trois
ou quatre orifices, dont un principal est situé au
centre. C'est par celui-ci que passe la plus grande
quantité du liquide extrait par l'action de la main.
A l'intérieur, les glandes mammaires ont une dispo-
sition anatomique, qu'il est bien de connaître pour
comprendre comment se fait la mulsion. Dans la
masse de l'organe se remarquent des cavités ou petits
réservoirs dans lesquels le lait sécrété reste en dépôt

(sinus galactophores). Ces réservoirs correspondent à tel ou tel trayon. Les sinus d'un côté n'ont aucune communication avec les sinus du côté opposé, ni même avec ceux du même côté. En effet, les mamelles sont en même nombre que les mamelons, et chacune d'elles, considérée comme portion de la masse totale, est désignée sous le titre de *quartier*. Chaque quartier est tout à fait indépendant des autres parties de la mamelle dont il est séparé au reste par une couche d'un tissu assez compacte.

La substance de la glande est constituée par des amas de petites poches membraneuses appendues sous la forme de grappes à l'extrémité de canaux très-fins. Ceux-ci se réunissent de proche en proche pour donner naissance à des canaux dits canaux galacto-phores, dont l'ampleur augmente à mesure qu'ils s'avancent vers le réceptacle commun creusé à la base du mamelon et dans le mamelon lui-même.

Telle est la structure anatomique des mamelles ; voyons maintenant comment se forme le lait dans ces glandes, et comment il s'y comporte jusqu'au moment où il en sort.

Dès que la sécrétion lactée est sur le point de s'opé-rer, les mamelles deviennent le siége d'un travail préparatoire. Ces glandes augmentent de volume et de consistance ; le sang s'y rend en plus grande quantité, les conduits qui doivent charrier le lait acquièrent une ampleur considérable. A l'intérieur des petites cavités qui composent la masse même de l'organe, se développent les globules de lait. Ceux-ci deviennent libres par le fait de la dissolution des cellules arrivées à leur maturité. A mesure, dit M. Colin, que des cellules se détruisent pour mettre en liberté le produit de leur élaboration, il s'en développe de nouvelles qui, à leur tour, subissent le sort de celles qui les ont précédées, et ainsi de suite.

Le lait formé s'accumule dans les sinus d'où il ne s'écoule pas ordinairement au dehors, parce que l'orifice commun des canaux qui charrient le liquide est entouré d'un mamelon rétractile qui le tient constamment fermé, et qui ne lui permet de s'ouvrir que par le secours d'une pression exercée au-dessus de lui par les lèvres du petit, ou par une main étrangère. Une trop grande quantité de liquide accumulé dans les sinus et dans les canaux force quelquefois aussi la résistance du mamelon, alors le lait s'écoule passivement au dehors. Cette circonstance se rencontre chez les vaches fortes laitières soumises à un régime alimentaire abondant : chez celles encore dont la mulsion a été négligée.

Depuis le moment où il est formé jusqu'à celui où il sort de la mamelle, le lait éprouve dans l'organe des modifications que nous ferons connaître tout à l'heure quand nous aurons décrit les manipulations employées pour opérer rationnellement la mulsion sur les femelles des animaux de l'espèce bovine.

Certaines qualités doivent être recherchées chez les personnes auxquelles on veut confier la mission de traire les vaches. Le trayeur ou la servante doit être l'ami des bêtes de l'étable, et cette amitié ne peut être que la conséquence des bons procédés employés. Quand une vache a peur de la personne qui l'approche, elle ne reste pas en place ; toujours sur le qui-vive, dans la crainte d'un mauvais traitement, elle est inquiète, elle se refuse à donner son lait. Elle s'abandonne au contraire avec confiance, avec plaisir même, à la main bienfaisante qui la caresse.

Une des qualités qui font le mérite des domestiques attachés au service de l'étable, c'est l'exactitude. Pour que la traite soit bonne ; pour que le lait ne perde pas de sa valeur, il faut que la mulsion ait lieu toujours à la même heure ; les variations sont mauvaises. Alors que le pis est trop plein, l'animal souffre ; et ses douleurs il les accuse par de l'inquiétude, par des mouvements d'impatience, par des beuglements souvent renouvelés. Un séjour trop prolongé du lait dans les réservoirs de la mamelle modifie les propriétés physiques du liquide, en même temps qu'il en diminue la quantité pour la traite prochaine. Ce n'est plus, dans ce cas, une sensation agréable que la vache éprouve au début de la mulsion, mais bien une légère douleur. Douceur dans le caractère, exactitude dans le service, sont deux qualités précieuses chez les domestiques ; mais elles ne suffisent pas, il faut encore y ajouter la

propreté. Le lait est un liquide excessivement suscepti-
ble à cause de sa teinte blanche, à cause aussi de sa
composition intime. Une substance étrangère introduite, même en petite quantité, peut en modifier la
couleur et les qualités culinaires. Les soins de propreté s'appliquent non pas seulement aux mains du
trayeur, mais aussi aux vases destinés à recevoir le
lait et aux pis des vaches. Reçu dans des vases mal-
propres, le lait acquiert de mauvaises qualités qui ont
pour conséquence de le faire cailleboter, lorsqu'il est
soumis à l'action de la chaleur. Si la litière sur laquelle
les animaux séjournent n'est pas abondante, si, malgré
la quantité suffisante de la paille, la vache se couche
sur ses déjections; le pis se trouve très-souvent sali.
Ces matières excrémentielles communiquent au produit sécrété par les mamelles une mauvaise odeur; elles
peuvent aussi altérer sa saveur. En toute circonstance,
le domestique intelligent et soigneux doit, avant de
procéder à la traite, laver les mamelles de la vache.
Ce lavage aura lieu à l'aide d'une éponge trempée
dans l'eau tiède en hiver, et dans l'eau ordinaire
en été.

Ces précautions préliminaires ayant été prises,
le domestique se met en position pour recueillir le lait.
Toutes les fois qu'on veut traire une vache, il faut
s'asseoir sur un tabouret ou sellette à un seul pied.
Un siége ainsi fait permet au trayeur de se pencher en
avant ou en arrière selon les mouvements de la vache.

Dans les exploitations agricoles où les troupeaux de bêtes bovines sont nombreux, on a l'habitude, pour économiser du temps et prendre moins de précautions, d'attacher la sellette au corps des hommes chargés de traire les bêtes. De cette manière, si l'animal fait quelque mouvement violent, le tabouret à un seul pied étant fixé au moyen d'une courroie, le marcaire a les mains libres, il peut facilement se reculer, se relever, éviter enfin que le lait soit renversé.

Pour effectuer la mulsion, le domestique se place du côté droit de la vache ; il tient le seau à traire entre ses jambes, de telle sorte que ses mains soient libres, puis il agit sur le pis comme s'il devait de suite extraire le lait. Pourtant, il ne fait que le simulacre du trayage pour préparer la vache à donner son lait. Cette manipulation gonfle la mamelle, elle la durcit. Le front du marcaire étant appuyé contre le flanc de l'animal, celui-ci prend un trayon dans chaque main en diagonale ; d'une main il saisit un trayon du côté droit et de l'autre main un trayon du côté gauche, assez haut pour comprimer une portion de la glande ; il emploie la force de pression et de traction suffisante pour faire couler le lait. Il opère régulièrement et alternativement le mouvement de monter et de descendre de chaque main, de telle sorte que le liquide coule sans interruption et qu'on distingue à peine qu'il provient de deux sources. Ces manipulations sont continuées jusqu'à ce que le pis soit complétement vide, sans cela le lait laissé dans la mamelle s'y coagulerait et gênerait la traite suivante.

On a essayé de remplacer, pour faire la mulsion chez la vache, les manipulations que nous venons de décrire; dans ce but on a inventé des petits tuyaux en ivoire ou en argent que l'on introduisait dans la lumière du trayon. Le lait accumulé dans les vaisseaux et dans les sinus trouvant une issue s'écoulait en dehors. Mais l'invention n'était pas heureuse, aussi son application fut-elle de courte durée. A l'aide des tuyaux à traire on ne pouvait pas vider le pis à fond : de plus les introductions souvent répétées de l'instrument dans le conduit principal du trayon détruisent bientôt la propriété rétractile dont il jouit normalement ; le calibre de ce conduit restait alors béant et le lait s'écoulait en dehors au fur et à mesure qu'il était sécrété. Pour continuer l'usage d'une telle pratique, il eût fallu faire, entre chaque traite, ce que font les marchands de vaches sur les animaux qu'ils conduisent en foire, c'est-à-dire nouer avec un fil de laine l'extrémité inférieure du trayon. Une telle besogne eût été fort ennuyeuse pour les domestiques et fort gênante pour les vaches.

Les conditions voulues pour que la mulsion soit rationnellement faite se résument donc ainsi : traire *rapidement* afin de ne pas impatienter l'animal; traire *doucement* afin de ne pas blesser la vache;

traire *à fond* pour ne pas l'incommoder, la faire tarir ou diminuer son produit.

La mulsion doit avoir lieu au moins deux fois par jour; le matin, pendant le premier repas, le soir avant le dernier. Dans les environs des villes, là où le lait est vendu en nature, là où on tend à augmenter la quantité sans s'inquiéter de la qualité, on fait traire trois fois par jour. Pour les vaches excellentes laitières ou encore pour celles sujettes aux engorgements laiteux trois mulsions sont utiles, elles sont même nécessaires.

Dans le produit d'une traite le liquide n'a pas la même qualité suivant qu'on l'examine au commencement, au milieu ou à la fin de l'opération. Des expériences faites sur le lait il résulte qu'il y a, entre le liquide de chaque trayon d'une vache des différences peu importantes sans doute, mais cependant parfois aussi sensibles qu'entre le lait de plusieurs vaches nourries avec les mêmes fourrages; qu'en général les trayons de derrière donnent une plus grande quantité de lait que ceux de devant. Une seule mulsion par jour favorise la condensation du lait; deux mulsions donnent plus de lait qu'une seule, mais le liquide est moins épais; trois traites par jour augmentent la quantité du produit, mais toujours et de plus en plus au détriment de la qualité.

La traite du matin, comme conséquence du repos de la nuit, fournit un lait moins condensé, mais plus abondant; celle du soir un lait moins abondant, mais plus condensé. Le premier lait sortant du pis est aqueux et très-léger; celui du milieu de la traite est dans des conditions normales et moyennes, le liquide recueilli à la fin de la mulsion est plus butyreux, plus épais.

C'est après son troisième vélage que la vache donne son meilleur produit. Ce produit reste aussi bon à la suite des parturitions suivantes; il devient même meilleur, plus épais, après la sixième parturition. A partir de cette époque il diminue de plus en plus en quantité jusqu'au moment où il cesse complétement par suite de l'état de vieillesse ou d'embonpoint de l'animal. Nous étions donc dans le vrai quand nous disions, dans un des chapitres précédents, que les propriétés physiques et la composition intime du lait sont influencées par un grand nombre de circonstances et que, de tous les liquides sécrétés par les glandes de l'économie animale, le produit des mamelles est celui qui offre le plus facilement la traduction des écarts apportés dans l'hygiène des bêtes bovines.

CHAPITRE SIXIÈME

Choix de la race bovine laitière. — Caractères de nos principales races bovines laitières. — Caractères de la race hollandaise. — La race bretonne et la petite culture.

La France est bien partagée sous le rapport du nombre et des qualités des races bovines ; mais ces races, bien que les femelles donnent partout du lait, jouissent cependant d'aptitudes diverses. Les unes sont plus spécialement utilisées comme forces motrices appliquées aux instruments agricoles, comme aides dans les travaux du sol ; d'autres ont une conformation qui les rend aptes à prendre facilement la graisse après avoir fourni plusieurs veaux. Il en est enfin chez lesquelles on rencontre des individus doués généralement des qualités laitières parvenues à un haut degré.

Nos principales races renommées pour la production du lait sont, en France, les races normande, flamande, bretonne et comtoise. Parmi les races étrangères introduites chez nous et qui, par l'ancienneté de leur importation et de leur reproduction dans notre pays, ont acquis le droit d'indigénat, nous devons citer surtout la race hollandaise. Nous avons importé aussi d'Angleterre certaines races ; mais les essais sont encore à l'état d'enfance, les produits obtenus à l'aide d'appareillements ou le plus souvent de croisements effectués entre ces animaux étrangers et nos bêtes bovines, n'ont point encore acquis la fixité de caractères qui seule constitue la véritable race.

Voyons quels sont les caractères des principales races laitières entretenues dans les étables des agriculteurs français (voir les gravures représentant les diverses races à la fin du volume).

1° *Race normande.*

La Normandie est une contrée fertile, riche en bétail de toutes sortes ; mais c'est surtout dans deux des départements qui concouraient à la formation de cette ancienne province, le Calvados et la Manche, que se rencontrent les meilleures vaches laitières ; c'est dans la portion voisine du littoral, dans ces parties de la région connue sous les noms de Cotentin et de Bessin, entre Cherbourg et Lizieux, que la race se présente avec ses plus remarquables qualités laitières. De là vient sa dénomination de *race cotentine.*

Les vaches appartenant à cette race ont pour caractères : la robe variable quant à la couleur et aux nuances du fond ; cependant le blanc y domine souvent ; cette robe présente toujours des raies brunes, irrégulièrement disposées et réparties sur la surface du corps (robe bringée); taille élevée, atteignant de 1^m,65 à 1^m,80. Peau rarement douce et fine, mais le plus souvent épaisse ; corps long d'apparence un peu massive ; le squelette (les os) est gros, volumineux : tête longue, un peu lourde avec mufle large ; bouche très-fendue ; cornes lisses, souvent courtes et contournées en avant : Encolure relativement forte ; épaules peu musclées ; membres courts ; la poitrine manquant souvent de largeur et même de profondeur ; alors le flanc est démésurément long, creux ; ventre volumineux, ce qui fait paraître la poitrine plus étroite ; l'épine dorsale offre des saillies osseuses et des dépressions prononcées chez les vaches un peu avancées en âge ; hanches peu écartées en égard à la corpulence ; croupe mince, culotte peu fournie ; l'arrière-train est étroit, mais cependant les mamelles sont bien développées et bien conformées. Les vaches cotentines présentent le plus ordinairement les signes d'une forte lactation caractérisée par les veines et les écussons dont nous donnerons la définition dans un chapitre suivant.

Chez les belles vaches élevées dans les riches pâturages du Cotentin le rendement est de 18, 20, et chez quelques-unes de 30 et 35 litres de lait par jour. La moyenne est de 22 litres, probablement pendant la période de la plus forte lactation. Selon M. le comte de Kergorlay, la cotentine est *la première race laitière du monde*. Cet auteur cite à l'appui de son assertion de beaux rendements. Les meilleures vaches donnent, dit-il, de 30 à 40 litres de lait en 24 heures. Il en est qui rendent jusqu'à 1,250 grammes de beurre par jour également, bien que leur produit en lait ne dépasse pas alors 23 litres. Le rendement ordinaire n'atteint pas ces proportions, mais on élève les moyennes à 22 litres de lait et à 800 grammes de beurre. Aucune race n'est supérieure pour la production du lait et pour sa qualité ; néanmoins, on doit le reconnaître, les avantages les plus considérables offerts par la vache normande sont dans la qualité beurrière plus encore que dans la sécrétion abondante du lait.

Une seconde variété de la race normande est celle dite *augeronne,* parce qu'elle se trouve dans cette partie du département du Calvados où est située la vallée d'Auge. La vache augeronne diffère peu de la vache cotentine ; chez elle la taille est moins élévée, l'ensemble du corps moins lourd ; cuir plus épais, squelette plus gros encore ; ventre moins volumineux, flanc moins creux, tête plus courte et plus large ; on dit cette race plus rustique et supportant mieux les effets de l'acclimatation quand on la sort du pays natal. Ces différences si légères entre les deux variétés font que souvent la variété augeronne et la cotentine sont désignées sous la dénomination générale de race normande. Le sujet (type normand) de notre gravure a obtenu des premiers prix dans les concours agricoles de la région du nord de la France.

2° *Race flamande.*

Il y a dans la race flamande plusieurs variétés dues aux différences d'habitude et de régime auxquels les animaux sont soumis. Sans entrer dans les détails où nous conduirait l'étude de ces variétés, nous nous arrêterons aux caractères présentés par le type de la race. — Lefour a fait une étude si vraie, si consciencieuse et si complète de la race flamande que, suivant l'expression de M. Gayot, il n'est plus permis de rien écrire sur cette race sans tenir compte des recherches laborieuses et patientes auxquelles M. Lefour s'est livré sous les auspices de l'administration. Nous ne saurions donc mieux faire que d'emprunter à cet auteur les caractères de la vache flamande. La tête est d'un volume moyen, mais fine et d'une forme conique un peu longue ; le chignon peu garni de poils ; les cornes écartées à leur naissance, fines à la base et dans toute leur étendue, se projetant en avant et en bas, de manière que, dans certains sujets, elles se recourbent et la pointe arrive à toucher le front ; elles sont petites, blanches ou jaunâtres, et noires à l'extrémité ; l'oreille est mousse, assez grande, garnie de poils fins ; les yeux sont noirs, saillants, d'une expression double ; le chanfrein, long, ordinairement droit, est terminé par un mufle peu sorti, dont le *miroir* est noir ou marbré. Le cou, relativement long et mince, a peu de fanon ; le *brisket* (partie antérieure du sternum couverte d'une masse fibro-adipeuse) est saillant et bien descendu.

Le garrot suffisamment fourni dans les bons types de Bergues est généralement assez mince dans les bêtes ordinaires ; la ligne du dos est droite, laissant fréquemment apercevoir, à la jonction du dos aux reins, une légère dépression, due à l'écartement des vertèbres. On pourrait désirer un peu plus de force dans l'échine et les reins ; les hanches, souvent saillantes, mesurent entre elles une largeur de $0^m,55$ à $0^m,60$; les pointes de la fesse sont également sorties et écartées ; l'origine de la queue est basse, quelquefois précédée par une petite éminence due à la saillie du sacrum, dont la ligne ne se confond pas suffisamment avec celles des os coccygiens (os de la queue). La queue est fine et longue, le toupillon faiblement garni. La poitrine est sensiblement étroite et sanglée ; les côtes un peu plates dans beaucoup de vaches flamandes. Les bons types de Bergues et Cassel tendent à perdre ces défauts ; le ventre est d'un volume moyen, mais ample vers les flancs et la région mammaire, dont les veines sont développées et parfois bifurquées ; les mamelles grosses, arrondies, souvent d'une couleur brune et tigrée, sont bien placées, les trayons moyens, la peau en est fine et duvetée.

La peau du périnée est assez souvent jaunâtre ou brune, onctueuse et marquée, d'après le système Guenon, de l'écusson flandrin ou lisière. Nous devons dire cependant que, dans la race flamande, les qualités laitières nous ont paru plusieurs fois en désaccord avec les indications de ce système.

L'épaule est, dans les sujets ordinaires, un peu plate et médiocrement musclée, les avant-bras peu volumineux, les canons minces, la corne des ongles noire, la cuisse plate et la fesse peu descendue ; on trouve quelques exceptions dans les sujets de Bergues, Bailleul et Cassel.

La peau fine chez la bête nourrie à l'étable est plus épaisse quand l'animal a été soumis au pâturage ; le système ganglionnaire très-développé se manifeste souvent par les cordons lymphatiques du flanc (ou cordons beurrins) émanant des ganglions situés dans le creux de cette même région.

La race rouge-brun, ordinairement plus foncée vers la tête, laisse apparaître, soit à la tête, soit au flanc et à l'ars, des taches blanches ou tigrées ; les vaches ainsi marquées en tête, et principalement à la joue, sont dites *barrées*, c'est un signe de race.

On trouve cependant en Flandre beaucoup d'animaux d'un rouge plus clair ou d'un brun plus foncé, d'autres rouan ou pie rouge, mais il convient de considérer la robe rouge-brun comme le cachet de la race.

On cite quelques bêtes flamandes qui, au plus fort de leur lactation, donnent jusqu'à 35 et 40 litres de lait par jour, mais il faut dire que ce sont là des rendements très-exceptionnels. La moyenne du lait produit par une vache flamande en pleine lactation varie de 20 à 30 litres par jour. Ce lait est moins butyreux que celui fourni par les animaux de la race normande.

Le spécimen de la vache flamande que nous reproduisons (voir les figures à la fin du volume) est aussi la reproduction d'un sujet ayant obtenu un premier prix dans un des concours régionaux du Nord.

3° *Race bretonne.*

La race bretonne se trouve dans les cinq départements qui composent l'ancienne Bretagne ; son berceau paraît être le département du Morbihan. Ses caractères sont : robe pie noire, avec prédominance du noir sur le blanc ; les vaches ont ordinairement une bande transversale formée par des poils blancs sur le garrot ou la partie antérieure de la croupe ; il y en a bien peu qui n'aient pas le dessous du ventre blanc ; mufle noir, parfois marbré, rarement blanc ; taille de $0^m,95$ à $1^m,04$ ou $1^m,05$ au garrot, œil vif, tête courte, fine, sèche et petite : les cornes sont ordinairement fines, blanches à la base et noirâtres à l'extrémité, quelquefois toutes noires ou jaunâtres ou d'un beau blanc dans toute leur longueur. La vache bretonne est longue de la pointe de l'épaule à la fesse, comparativement à sa hauteur ; encolure courte et mince ; oreilles petites, peu ou point de fanon. Garrot et dos sur la même ligne ; la côte est ronde, bien descendue pendant le jeune âge, mais jamais sanglée. Poitrail assez large ; épaule droite et peu musculeuse. Les reins sont longs et suffisamment larges chez les jeunes bêtes, ils sont souvent sur la même ligne que le dos et le plan médian de la croupe. Celle-ci est ordinairement courte, souvent saillante dans le plan médian avec un assez grand écartement des hanches ; chez le plus grand nombre la queue est fine à la base et bien attachée, ordinairement longue, mince, terminée par un fort bouquet de crins ondulés qui sont presque toujours de couleur blanche. Les membres sont courts ; les avant-bras longs, peu musculeux ; jarrets souvent rapprochés, mais toujours la partie inférieure des extrémités d'une sécheresse et d'une finesse remarquable ; système osseux peu développé. La peau très-fine, souple et libre, est recouverte d'un poil fin, court et lustré ; caractère doux et agréable.

La vache bretonne a les veines mammaires grosses et flexueuses ; pis volumineux, ordinairement de couleur jaunâtre ; placé en avant, il a une forme ovalaire et est recouvert d'une peau très-mince, souple, avec un léger duvet.

Nous ne connaissons pas, dit M. Bellamy, auteur de la meilleure monographie publiée jusqu'à ce jour sur la vache bretonne, de race française, qui présente un aussi grand nombre de sujets si bien marqués pour le lait, d'après le système Guénon, que la race bretonne du Morbihan.

La quantité moyenne de lait fournie chaque jour

dans le pays même, calculée d'un vélage à l'autre, est de 4 à 5 litres, soit annuellement de 1,460 à 1,825 litres. Cela, fait observer avec beaucoup de raison M. Sanson, paraît bien peu considéré d'un point de vue absolu ; mais si l'on songe à la petite taille de la race et à l'alimentation que peut lui fournir le pays, on est forcé de convenir que l'aptitude laitière est ici portée au plus haut degré. Toutefois c'est surtout par la qualité butyreuse du lait que cette production est remarquable. Le lait des vaches du Morbihan est au-delà du double plus riche en beurre que celui de la vache normande. Enfin une des qualités de la vache bretonne est sa sobriété ; elle se contente de peu pour produire beaucoup.

4° *Race comtoise.*

La Franche-Comté possède deux races très-distinctes : la race femeline qui occupe la plaine ; la race tourache qui paît sur les montagnes. De ces deux variétés la première donne plus de lait que l'autre.

A. *Race tourache.*

Les caractères assignés à la vache tourache sont : dans les poils toutes les bigarrures de couleur, au milieu desquelles la plus dominante est le rouge foncé ; ce poil est fort, épais et dur, frisé sur la tête ; il se prolonge hérissé le long des vertèbres cervicales et dorsales, s'affaissant insensiblement à mesure qu'il arrive à l'extrémité de la colonne vertébrale ; sa peau dense est épaisse et adhérente, sa plus grande épaisseur est sur le cou et les épaules ; la tête est forte et épaisse, le chanfrein court et large ; le regard vif et sombre ; les naseaux étalés et bruns ; les cornes écartées et grosses surtout à leur base ; le cou, large et court, présente inférieurement un fanon qui se balance entre les genoux, tandis que son épaisseur se relève entre le garrot et les cornes ; les côtes relevées et arrondies rendent le poitrail large en écartant les épaules ; le corps assez ramassé se termine d'une manière étroite ; les hanches étant serrées et les cuisses saillantes ; les os sont gros et larges, les jambes courtes, mais dans un bon aplomb.

B. *Race femeline.*

La race femeline a pour caractères : poil assez généralement de couleur châtain clair, désigné sous le nom de poil fromenté ; tête étroite et mince ; yeux rapprochés des cornes ; regard doux et tranquille ; cornes moins écartées, moins épaisses, plus longues que dans les touraches ; naseaux moins étalés et couleur de chair ; cou plus grêle ; fanon moins pendant ; poitrine plus ovale, par conséquent plus étroite ; train de derrière plus large ; cuisses plus saillantes, corps plus allongé ; os moins gros ; taille plus élevée ; peau plus mince sur le cou, plus forte sur les fesses, plus mobile dans toute son étendue.

5° *Race hollandaise.*

Des différentes races étrangères introduites en France il n'en est pas qui soit plus laitière que la race hollandaise qui se reconnaît aux particularités suivantes : tête longue et pointue, c'est-à-dire large dans la région du front et étroite vers le mufle qui est ordinairement noir ; cornes arquées en avant, petites et le plus souvent de couleur noire ; les parties postérieures du corps ont toujours une grande étendue en longueur et en largeur ; hanches saillantes, écartées bien que quelquefois la croupe soit fortement avalée, ce qui assure une grande ampleur au bassin ; les mamelles, toujours très-développées, remplissent entièrement l'espace compris entre les membres postérieurs : encolure mince, tranchante ; les épaules sont maigres et courtes ; la poitrine peu profonde ; le ventre volumineux, les reins fléchis. En somme, la masse des chairs est peu développée ; la peau et les poils sont fins ; la robe ordinairement pie, quelquefois toute noire ou toute blanche ou gris de souris.

Les vaches hollandaises sont généralement de très-fortes laitières ; elles donnent de 35 à 40 litres de lait par jour et même davantage ; seulement le lait fourni en aussi grande abondance renferme peu de principes butyreux ; il est très-riche en caséum, aussi sert-il surtout à la fabrication des fromages dont la Hollande exporte des quantités considérables.

Nous connaissons actuellement les races de vaches les plus renommées parmi celles qui donnent du lait en France ; il nous est donc possible maintenant d'étudier les considérations auxquelles l'agriculteur intelligent doit s'arrêter quand il lui faut choisir entre elles. Ces considérations ont trait aux conditions économiques dans lesquelles il se trouve placé sous le point de vue de la quantité et de la qualité des aliments dont il dispose pour ses animaux, et eu égard à la destination qu'il veut donner aux produits.

Les différentes races laitières ne sont pas toutes de la même exigence sous le rapport de la nourriture : certaines consomment beaucoup ; d'autres demandent une moindre somme d'aliments ; une d'entre elles enfin est très-sobre. De là l'indispensable nécessité pour le cultivateur, avant de choisir la race laitière dans laquelle il veut prendre des sujets de mérite, de bien connaître de quelles ressources alimentaires il peut disposer. Qu'il n'oublie jamais que dans les importations d'animaux étrangers à une localité il faut que les bêtes trouvent des conditions de nourriture au moins aussi favorables que dans leur pays natal. Placés dans des localités plus pauvres eu égard à l'alimentation, ces animaux ne tardent pas à fournir moins de lait en perdant de leur embonpoint. Les frais toujours onéreux d'achat et de transport sont dès lors en partie perdus. Avez-vous de bons herbages, des prairies plantureuses ; avez-vous dans vos fenils du fourrage sec de bonne qualité et en abondance, vous pouvez entretenir des animaux de la race hollandaise qui consomment beaucoup, ou des vaches flamandes qui, elles aussi, sont de forte dépense. Mais si vous avez moins, adressez-vous aux variétés de la race normande. Possédez-vous enfin peu de denrées alimentaires ; votre récolte fourragère est-elle de moyenne qualité, vous pouvez adopter la race bretonne.

Assurément la vache bretonne ne saurait être acceptée par la grande culture ; celle-ci dispose généralement d'herbages sur lesquels prospèrent les sujets des grandes races ; il en est à peu près de même, sur une moins grande échelle, de la culture moyenne. Mais, le *ménager*, l'honnête artisan des produits de son travail quotidien, ne possédant que quelques coins de terre, pouvant à peine fournir la nourriture annuelle de la vache qu'il entretient, ce laborieux paysan, disons-nous, devrait peut-être abandonner la bête bovine de haute taille et la remplacer par la vache bretonne. Celle-ci, accoutumée à ne consommer dans son pays que des herbes rares poussées sur des landes ou sur un terrain aride, se trouvera bien de paître des champs fertiles en été ; elle supportera facilement en hiver une diminution dans la ration. Ce régime, loin de nuire aux qualités laitières de l'animal, sera encore assez alibile pour augmenter son rendement normal. Le régime, considéré en certaines contrées comme médiocre, sera pour ces bêtes un régime sous l'influence duquel

elles conserveront tout au moins leur état ; sous l'influence duquel aussi les jeunes animaux acquerront
de la taille et du développement. Si l'on examine la
vache bretonne au pâturage, on remarque qu'elle
broute activement sans s'arrêter ; il n'y a donc pas,
quand on la conduit aux champs, une perte de temps
toujours précieux pour le ménager ou mieux pour la
ménagère à laquelle incombe plus spécialement le soin
de la vache. Eu égard à la consommation des aliments,
il est de toute évidence que la vache bretonne dont le
ventre est peu développé et le corps peu volumineux
dépensera moins qu'une bête de taille plus élevée, une
normande ou une flamande par exemple, de sorte
que, avec une quantité de nourriture à peine supérieure
à celle nécessaire pour entretenir convenablement une
bête de taille moyenne, on entretiendra deux animaux
bretons. Ces deux animaux bretons donneront plus de
fumier qu'une seule bête bovine de taille plus élevée,
elles fourniront aussi plus de lait ; au lieu d'un veau
on en aura deux ; il sera possible de calculer les époques
du vélage pour que le lait, durant toute l'année, ne
manque pas aux besoins du ménage ; pour que chaque
semaine on puisse toucher le prix du beurre porté sur
le marché. Avec deux vaches bretonnes ne dépensant
pas beaucoup plus qu'une forte bête bovine et coûtant
à peu près le même prix d'acquisition, le ménager
établirait dans sa maison un roulement d'argent à
l'aide duquel il pourrait se procurer quelque bien-être.

Ainsi, pour revenir à la première considération qui doit diriger dans le choix d'une race laitière, il faut que le cultivateur sache s'il est en mesure d'entretenir convenablement les bêtes qu'il choisit.

Suivant aussi la spécialité des produits qu'il doit demander à ses animaux, il lui faudra opter pour telle ou telle race de préférence à telle autre.

Dans les environs des centres populeux, le commerce du lait a pris depuis l'établissement des chemins de fer un développement immense; ainsi la consommation de cette denrée alimentaire à Paris est d'environ 250,000 à 300,000 litres par jour. Avant l'ouverture des voies ferrées, cette consommation était plus restreinte et n'était approvisionnée que par les laiteries placées dans un rayon de 25 à 30 kilomètres; aujourd'hui le lait est envoyé à Paris d'un rayon de 100 à 120 kilomètres. Ce qui a eu lieu pour la capitale de la France s'est également produit pour les principales villes, et même dans les villes de second ordre. Considérée dans tout le territoire de l'empire, la consommation quotidienne du lait s'élève aujourd'hui à un total extrêmement élevé. Ce que demande le producteur du lait vendu en nature, c'est moins la qualité que la quantité. Aussi choisit-il les races fortes laitières sans s'inquiéter si le lait est butyreux. Dans telles contrées on adopte la race hollandaise; ailleurs on lui préfère les vaches de la race flamande (1).

(1) On consultera avec fruit un excellent travail sur les différentes

Mais dans les pays où les pâturages sont de qualités exceptionnelles, comme dans le Cotentin et le Bessin, comme aussi dans les environs de Gournay-en-Bray, l'industrie n'est plus la même. Le lait n'y est pas enlevé par des laitiers en gros qui le portent aux détaillants des villes, on le convertit en beurre dont la réputation sur les marchés est bien connue. Tout le monde sait que le beurre d'Isigny et celui de Gournay se vendent toujours très-avantageusement. Dans quelques exploitations agricoles du nord de la France, le produit extrait des mamelles de la vache flamande est aussi converti en beurre avec avantage pour le producteur.

Si la race bretonne était plus répandue, elle serait utilisée surtout pour l'industrie beurrière. «Lorsqu'on demande, dit M. Bellamy, aux ménagères du Morbihan, si leurs vaches sont bonnes, elles vous répondent souvent. Elle donne 4 livres, celle-là donne 6 livres, celle-ci donne 7 livres; elles veulent dire par là que telle vache donne 4 livres de beurre, telle autre 7 livres par semaine. »

Pour l'industrie beurrière, l'agriculteur fera son choix entre les races normande, flamande ou bretonne.

Une autre considération enfin qui devra peser aussi

___

races, publié par M. Eug. GAYOT dans les *Études sur l'Exposition de 1867*, par MM. les rédacteurs des *Annales du Génie civil*, sous la direction de M. Eug. LACROIX.

dans la détermination à prendre pour le choix d'une race de vache laitière est celle qui se rapporte aux conditions hygiéniques et aux agents extérieurs. Il faut surtout s'attacher à savoir quels sont les soins hygiéniques qu'on donne aux animaux dans la contrée d'où la race a été tirée et s'efforcer de ne pas établir une trop grande différence entre les habitudes passées et les habitudes nouvelles; on s'efforcera encore d'abriter les nouveaux venus contre les intempéries atmosphériques, si le climat présente de notables différences avec le climat du pays natal.

CHAPITRE SEPTIÈME

Choix de la vache laitière. — Signes généraux. — Signes locaux. — Système Guenon. — Observations de Lemaire. — Méthode de M. Magne.

Tous les animaux d'une race laitière ne jouissent pas des mêmes qualités. Il en est chez lesquels le rendement est ordinaire ; on en trouve doués d'un travail très-actif des mamelles et qui fournissent du lait en abondance. De là différentes catégories à établir parmi les individus d'une même race. Il importe beaucoup aux propriétaires de bêtes bovines de connaître par l'étude extérieure des animaux quelle est leur faculté laitière.

Les signes indicateurs de la vache bonne laitière sont généraux et locaux. Les premiers se remarquent dans toute l'étendue du corps, dans toute l'habitude extérieure de l'animal ; les seconds sont vus vers les parties qui sécrètent le liquide. Considérés eu égard à leur valeur, ces signes n'ont pas tous la même importance ; les signes locaux sont beaucoup plus certains que les signes généraux ; aussi les principaux systèmes établis pour reconnaître la vache bonne laitière reposent-ils spécialement sur des indications locales.

A. Signes généraux.

Suivant le docteur Low, la vache laitière doit avoir la peau souple et moelleuse au toucher; le dos doit être droit; les flancs larges; les jambes courtes et minces, mais elle ne doit pas avoir, comme la bête d'engrais, une poitrine large et saillante. Au contraire, il est avantageux que les quartiers de devant soient légers et ceux de derrière d'une construction relativement plus pesante, plus large et plus profonde.

Étudions maintenant les instructions données par un homme éminemment versé dans la pratique, M. Félix Villeroy : une bonne vache laitière a ordinairement la peau souple, le poil fin, peu de fanon, des veines mammaires grosses et ondulées qui s'avancent loin sous le ventre, les *sources* larges.

Les conditions générales à exiger d'une vache bonne laitière sont ainsi résumées par M. Richard (du Cantal) : peau souple, moelleuse, mince et très-détachée des tissus sous-jacents, surtout des côtes; poils fins, rares, lisses et bien développés; des naseaux ouverts, de grands yeux recouverts par des paupières amincies, très-souples, très-mobiles et ornées de longs cils; les cornes doivent être minces, blanches ou noires, luisantes et d'un tissu serré, très-compacte; encolure amincie, pourvue d'un fanon très-petit ou nul; côte arrondie, poitrine vaste; épaules obliques, corps allongé, apophyses du dos apparentes et séparées; les reins et la croupe larges sont une belle qualité; mais une vache bonne laitière peut ne pas avoir cette conformation. Les cuisses souvent plates; les extrémités doivent être minces, fines, les tendons bien dessinés. La queue doit être amincie, le ventre moyennement volumineux. Cependant on trouve d'excellentes laitières avec un abdomen très-développé.

Lemaire, vétérinaire du Pas-de-Calais, qu'une mort accidentelle a trop tôt enlevé à la science, s'est aussi occupé tout spécialement de la vache laitière. Pour lui, toute vache bonne laitière par excellence présente, sans exception aucune, les caractères particuliers que voici : tête très-accentuée, comme celle des chevaux de sang, sèche, recouverte d'une *peau* très-fine, *yeux* saillants. *Trois creux* (plus ils sont profonds mieux cela vaut) : 1° au milieu du front; 2° au-dessus de la paupière supérieure (ce qu'on appelle les salières chez le cheval); 3° au-dessous de la paupière inférieure, le *larmier;* toupet ou chignon très-mobile, c'est-à-dire non adhérent à la partie sous-jacente. Cornes minces, effilées, pointues même, légèrement aplaties, claires, luisantes et de texture très-fine. Oreilles fines, *transparentes*, jaunâtres à l'intérieur comme si elles étaient recouvertes d'une couche de son ou de petites écailles moitié perlées, moitié dorées, safranées. Encolure très-fine, épaules courtes, très-obliques, maigres, comme décharnées. Vers ce qu'on appelle la pointe de l'épaule se trouve une fossette très-profonde, (fossette sous-acromienne). Poitrail étroit, peu proéminent, fanon sous-pectoral très-développé, mince, souple. Poitrine étroite, courte, semblant de capacité insuffisante pour la fonction respiratoire, *sanglée* derrière les épaules, reins très-longs, présentant des creux intervertébraux profonds. Plus les reins sont larges, plus la durée de la lactation est grande. Flanc spacieux, laissant sentir, quand on appuie avec le doigt au-dessus du replis qui sert aux maniements (l'œillet), une grosse corde ganglionaire dont le plus ou moins de grosseur indique les qualités butyreuses du lait, d'où le nom de *corde butyreuse.* Ventre très-long, très-volumineux, pendant, *avachi,* comme on dit. Hanches larges, indice certain de la durée du lait et de sa quantité. Croupe forte, donnant aussi la mesure de la durée et de la quantité. Queue très-fine et non conique à la base, très-longue, tombant le plus près de terre possible. De la base de la queue part un repli de la peau large et lâche de chaque côté qui va rejoindre la pointe de l'ischion. Quand une vache est sur le point de vêler, cette espèce de corde se détend, et on dit que la vache *se casse* ou est cassée ; une queue grosse et conique à sa base caractérise une bête de boucherie. Veines généralement très-apparentes, celles des mamelles se terminant en avant par un trou dans lequel il doit sembler que le doigt va s'enfoncer (*les fontaines*). Tempérament veineux, lymphatique. Peau fine, souple, lâche. Mamelles recouvertes de poils fins, longs, clair-semés et entre les cuisses (le périnée) couvertes comme l'intérieur des oreilles ; marques du système Guénon bien franches. Ombilic ayant un grand repli cutané.

M. Auguste Weckherlin, ancien directeur de l'Institut agronomique de Hohenheim, demandait pour la vache bonne laitière : cornes fines et courtes ; oreilles fines et transparentes ; encolure mince, un fanon faible, un corps allongé, queue fine ; pieds petits ; une peau et des poils fermes. Il ajoute que ces formes sont souvent très-modifiées et que d'excellentes laitières, des races entières ont l'avant-main légère, le corps étroit en avant et s'élargissant en arrière ; le ventre pendant, les ischions très-écartés, la croupe avalée et courte, toutes les formes plus anguleuses qu'arrondies, la peau mobile.

Tous les auteurs qui ont indiqué les caractères généraux de la vache laitière ont tourné dans un même cercle ; leurs descriptions cependant offrent quelques nuances différentielles parmi lesquelles nous ferons ressortir les plus apparentes.

Fixons d'abord notre attention sur la tête. Cette partie du corps sera mince, étroite vers la région des cornes et assez longue suivant le plus grand nombre des auteurs. Ces caractères appartiennent, sans aucun doute, à des vaches de très-bonne production, telles que celles flamandes et hollandaises, mais ils ne sauraient être des indices certains de qualités laitières bien accusées chez tous les individus de ces races. Ils ne sauraient pas davantage être vrais dans la généralité des cas, puisqu'il y a des races renommées qui ont une tête grosse, une encolure forte. Les auteurs qui recherchent du volume, de la longueur dans ces parties antérieures du corps sont donc aussi dans le vrai.

Est-on d'accord sur la conformation à rechercher dans ce repli de la peau qui suit le bord inférieur de l'encolure, le fanon, qui pend à la base de cette région? Sans nous arrêter à connaître quelle corrélation fonctionnelle il peut exister entre l'activité de secrétion des mamelles et cet appendice cutané, constatons seulement que le désaccord qui règne sur ce point entre les différents auteurs conduit à cette conséquence, que ce caractère a peu d'importance si toutefois il en a. Pour les uns le fanon doit être peu développé (Villeroy, Richard du Cantal, Lodieu); pour d'autres ce repli de la peau sera large, pendant (Lemaire, et à une époque très-reculée, 50 à 60 ans avant Jésus-Christ, Varron).

Ce sont là des contradictions évidentes qui militent peu en faveur de l'importance à accorder à ce caractère.

La vache forte laitière est maigre le plus ordinairement; rien donc de surprenant que chez elle l'épaule soit comme simplement appuyée contre la poitrine et qu'on remarque vers sa pointe une fossette naturelle qui se trouve cachée par le développement des chairs sur les animaux gras ou ayant seulement de l'embonpoint.

Mais ce qu'on s'étonne à bon droit de rencontrer en comparant entre eux les différents tableaux faits de la vache laitière, c'est la divergence des opinions sur l'ampleur de la poitrine. Nous avons dit tout à l'heure que Lemaire attribuait à la vache une poitrine étroite, serrée et tout à fait en disproportion avec le ventre qui doit être volumineux. M. Lodieu, en 1856, plaçait au nombre des caractères à rechercher chez les femelles bovines entretenues pour la production du lait un poitrail maigre, étroit et non arrondi en bas ; une poitrine petite, c'est-à-dire courte, *très-resserrée entre les épaules surtout*, et peu profonde. Côtes. courtes, minces et plates plutôt qu'arrondies en forme de cercle à partir de l'échine du dos.

Cette structure nuit assurément au développement et au jeu des poumons. Le sang, produit par la digestion est amené dans les organes où il est mis en rapport, dans le parenchyme même, avec l'air inspiré ; là s'opèrent des phénomènes chimiques qui ont pour conséquence de donner au fluide des propriétés nouvelles, de lui fournir la matière première des diverses sécrétions de l'économie animale. Au nombre de ces sécrétions se trouve celle des glandes mammaires. Si le jeu des poumons est limité ; si ces organes ne peuvent pas prendre de développement, la somme du sang qui doit être modifiée pendant chaque respiration ne sera pas grande ; partant les organes sécréteurs du corps ne recevront qu'en petite quantité le liquide dont a besoin leur activité fonctionnelle ; les produits seront donc peu abondants. Ce raisonnement, basé sur des données physiologiques, conduit à cette conclusion rationnelle qu'une poitrine étroite, resserrée, non-seulement ne saurait être une beauté de conformation chez la vache laitière, mais encore qu'elle est un défaut grave amenant comme conséquence une faible activité mammaire, une faible production de lait.

C'est avec raison qu'il y a presque unanimité parmi les auteurs relativement au volume du ventre. Tous ou à peu près veulent un abdomen volumineux ; ils ne diffèrent d'opinion que sur le plus ou le moins. La bonne digestion en effet indique l'intégrité des appareils qui concourent à son accomplissement ; l'intégrité des fonctions digestives permet une absorption complète des principes assimilables contenus dans les aliments ; le sang porté aux poumons pour y être modifié, comme nous venons de le dire, est alors plus abondant, plus riche, et les sécrétions en général, la sécrétion mammaire en particulier, sont favorisées.

Pourquoi donc, puisqu'il y a accord pour demander à la vache bonne laitière un abdomen développé, ne pas reconnaître unanimement aussi, comme une qualité de constitution, l'ampleur de la poitrine ?

Ajoutons aux signes généraux qui précèdent d'autres caractères indiqués comme dénotant l'abondante sécrétion lactée. Ces signes, à l'exception d'un seul, se trouvent situés dans les parties postérieures du corps de la vache. Un caractère qui pendant longtemps a eu la vogue, mais qu'on abandonne avec raison aujourd'hui, c'est l'échancrure située sur un point de la colonne vertébrale ou l'échine. Cette échancrure, due à un simple écartement des apophyses épineuses des vertèbres dorsales, est dite vulgairement la *source du dessus*, par opposition à la *source du dessous* de laquelle nous parlerons plus loin. Il ne faut pas une grande réflexion pour comprendre que le plus ou le moins d'écartement existant entre des os de la colonne vertébrale ne saurait avoir de l'influence sur l'activité fonctionnelle des mamelles. Laissons les hommes encore imbus des vieux préjugés croire à l'autorité de ce signe ; mais que le cultivateur éclairé porte son attention sur des caractères plus sérieux.

Nous avons vu plus haut qu'on recherche comme bonne conformation chez la vache un train postérieur fortement développé. Avec une telle structure, lombes longs et larges, hanches très-écartées, les os du bassin saillants, les cuisses éloignées l'une de l'autre, les mamelles volumineuses trouvent l'espace nécessaire pour se loger convenablement. Comme complément nous demanderons que la vache ait une physionomie exprimant la douceur, qu'elle soit d'un caractère tranquille, peu excitable.

Ainsi parmi les caractères généraux attribués à la vache bonne laitière, il en est qu'il faut délaisser, parce qu'ils n'ont pas une valeur réelle ; il en est d'autres au contraire que l'on doit rechercher. Nous mentionnerons comme favorables les qualités de conformation des organes, qui se rattachent aux grandes fonctions respiratoires et digestives. Nous citerons le front grand, les yeux vifs, bien ouverts, les naseaux amples, la peau fine, bien détachée, surtout sur les côtes, une bouche bien fendue, des os minces. Quant aux signes généraux qui ne se rattachent pas directement à ces grandes fonctions, nous ne saurions conseiller de s'y appesantir autant qu'on l'a fait pendant longtemps, autant que certains auteurs le conseillent encore aujourd'hui. L'attention de l'observateur devra principalement s'arrêter sur les caractères spéciaux; ceux-ci sont des indices bien plus certains, à notre époque surtout, où des hommes expérimentés se sont attachés à ériger en systèmes les connaissances qu'ils ont acquises par une sérieuse observation.

B. Signes locaux.

Les signes locaux se remarquent sur les glandes mêmes qui sécrètent le lait et dans les régions du corps voisines de ces organes. Voyons en premier lieu quelle est la configuration d'une belle mamelle. Le pis vu avant la traite doit avoir la forme d'un carré arrondi; il s'étend loin sous le ventre et en arrière des cuisses; la peau qui le recouvre est fine, indépendante des tissus sous-jacents; les poils rares qu'on y trouve sont fins. Les trayons au nombre de quatre, car on néglige les trayons supplémentaires qui ne donnent pas de lait, ont une longueur égale ; ils sont placés à égale distance les uns des autres. Lès trayons doivent être sains et donner passage au lait. Le parenchyme de la glande également sain perd, après la mulsion, de son volume et de sa résistance à la main ; il est mou, flasque, avec des rides à sa surface. Le pis le plus volumineux à l'œil, le plus dur à la main, n'est pas le meilleur pour le rendement ; souvent le volume n'est que la conséquence d'un amas de graisse. Dans ce cas il est charnu, et sa conformation avant et après la mulsion offre peu de différence. Il ne faut pas trouver dans la mamelle des nodosités, des points durs, de petites tumeurs et moins encore des indurations d'une certaine étendue. Tous ces signes anormaux dénotent que la glande souffre ou a souffert, qu'elle ne sécrète plus dans toute l'étendue de son parenchyme. L'intégrité complète de la mamelle est donc une condition indispensable pour la production du lait. On examinera aussi avec attention les veines qui apparaissent à l'extérieur sur toute l'étendue du pis. Ces veines sont-elles nombreuses, grosses, variqueuses, la vache donnera de fortes quantités de lait ; leur moindre apparence, leur nombre plus restreint, conduira à une opinion moins favorable. Ce caractère est si important, qu'au développement des veines il est possible de dire quelle est celle des quatre mamelles qui donne le plus ou le moins de lait. Les veines du périnée, c'est-à-dire les veines de la partie du corps située entre la partie postérieure de la mamelle et l'orifice extérieur des organes génitaux, sont au moins aussi significatives. Sont-elles très-saillantes, serpentantes, très-grosses, à nodosités nombreuses, la vache est assurément de bonne production.

De tout temps on a pris en considération, pour estimer la qualité d'une vache laitière, les veines apparentes qui du pis s'étendent de chaque côté du ventre et rentrent dans l'abdomen par deux trous ronds, vulgairement appelés *les fontaines du dessous*. Assurément la présence des veines grosses et flexueuses, coupées par des nœuds, quelquefois bifurquées, est un bon indice de la production du lait : mais les fonctions de ces veines n'ont pas toujours été bien comprises par les observateurs. Beaucoup ont pensé et pensent encore que le sang arrive aux mamelles par ces vaisseaux. C'est une erreur. Les veines dans l'économie animale ont pour mission, non pas de charrier le sang du cœur aux organes, mais au contraire de ramener ce liquide des organes vers le cœur. Seulement la grosseur, l'état variqueux des veines, n'en sont pas moins un signe favorable à la lactation. En effet, ces vaisseaux reçoivent le sang qui quitte les glandes mammaires, après qu'il a laissé les éléments nécessaires à la formation du lait. Le développement des veines abdominales placées sous la peau prouve que la circulation est considérable dans le pis, et que l'arrivée du sang artériel y est abondante : de là une forte sécrétion lactée.

Après avoir suivi les parois inférieures du ventre, ces vaisseaux veineux pénètrent dans l'abdomen, en traversant les parois du ventre à droite et à gauche. Les ouvertures qui leur livrent passage ont des calibres de dimension variable ; et, selon que leurs orifices sont plus ou moins grands, la vache est considérée comme plus ou moins bonne. Ce raisonnement est rationnel, puisque les ouvertures abdominales sont en raison du développement des veines, et que nous savons que plus les vaisseaux à sang noir sont gros, meilleure est la vache. Là cependant est l'erreur quand on veut établir une relation entre la source du dessus et les sources du dessous. La fontaine du dessus, nous nous le rappelons, est due à un simple écartement des apophyses épineuses des vertèbres dorsales ; les fontaines du dessous donnent passage aux veines abdominales ; il n'y a donc aucune sympathie de fonction à établir entre ce que l'on désigne usuellement sous les noms de fontaines de dessus et de fontaines de dessous. La source de dessous mérite seule d'être prise en considération dans l'appréciation des propriétés laitières d'une vache.

Nous venons de passer en revue les divers signes à l'aide desquels on reconnaissait autrefois la femelle bovine, bonne productrice de lait ; il résulte des développements que nous avons fournis que, parmi ces signes, certains sont sans intérêt sérieux, que d'autres ont une valeur diagnostique réelle. Aujourd'hui les connaissances sur ce point sont plus avancées qu'autrefois ; la question a été mûrement étudiée, et les résultats fournis par une observation de longue haleine sont classés méthodiquement de manière à former des systèmes que nous allons exposer.

Système Guénon.

C'est en 1814, que, pour la première fois, Guénon découvrit que certains signes naturels révélaient par leurs formes, chez les femelles de l'espèce bovine surtout, des dispositions plus ou moins grandes à la production lactifère. Après quatorze années d'étude et d'observation, il se résolut à faire part de sa découverte à l'Académie de Bordeaux devant laquelle il opéra. En présence de cet aréopage, il se contenta d'examiner les vaches qui lui furent présentées, mais il ne fit pas connaître son procédé. Jusqu'en 1835, il travailla au perfectionnement de son œuvre. C'est à cette date qu'il fit imprimer l'exposé de sa méthode ou du moins qu'il confia à une plume étrangère la traduction de ses idées. Cette première édition fut publiée aux frais de la société d'Agriculture de Bordeaux. A partir de cette époque, Guénon parcourt un grand nombre de départements où il est accueilli par les sociétés d'Agriculture. C'est ainsi que sa méthode se popularisa. Voyons quelle est cette méthode.

Les signes, objets de la découverte de Guénon, sont

les *écussons* et les *épis* situés à la partie postérieure des sujets.

L'écusson enveloppe le pis et se distingue par son poil montant à rebours du poil du reste du corps qui est toujours descendant : le poil de l'écusson diffère de celui de la robe parce qu'il est plus fin, plus court plus soyeux et d'une nuance moins claire. Le point de départ de l'écusson est au milieu des quatre trayons, d'où une partie s'étend sous le ventre, dans la direction du nombril, tandis que l'autre partie se dirige, en montant, en dedans et un peu au-dessus des jarrets, et déborde jusqu'au milieu de la surface postérieure des cuisses, monte sur le pis et se prolonge, dans certaines classes, jusqu'au niveau de l'extrémité supérieure de la vulve.

C'est à la surface et à l'étendue qu'embrasse l'écusson que l'on reconnaît la capacité laitière. La forme du dessin indique la classe ou l'ordre auquel l'écusson appartient ; la finesse de son poil et la couleur de son épiderme sont un indice que le lait sera bon ; au contraire, si le poil est gros, clair-semé et hérissé, il annonce une médiocre ou une mauvaise laitière.

Ainsi, plus la surface de l'écusson est étendue, plus l'organe sécréteur du lait sera grand et plus le sac lactifère, c'est-à-dire l'intérieur du pis, sera développé. De telle sorte qu'il est facile, selon Guénon, de préciser le contenu par l'étendue extérieure du contenant.

Quand l'épiderme de la peau dans l'emplacement de l'écusson est d'une teinte jaunâtre et qu'on en détache avec l'ongle des pellicules grasses et onctueuses comme du menu son, et que ces mêmes caractères se retrouvent au panache de la queue, ainsi qu'à l'intérieur des oreilles, on peut être assuré que la vache possédant ces signes donnera un lait gras et butyreux ; comme, par contre, la vache qui aura la peau de l'écusson blanche, sèche, recouverte d'un poil long, clair-semé, donnera un lait maigre et séreux.

La valeur des écussons se trouve atténuée ou favorisée par la présence des *épis*. Ces épis sont des petites mèches de poils situées dans le voisinage de l'orifice extérieur des organes génitaux. Les épis sont de deux espèces ; les uns de poils montants, les autres de poils descendants. Ceux de poils montants ne sont autres que des traces en forme de sillons qui tranchent sur le poil descendant ; ils dessinent des figures plus ou moins allongées ou développées, à droite ou à gauche et au-dessous de la vulve. Ceux de poils descendants forment des dessins variés dans le poil montant de l'écusson ; ils affectent plusieurs formes et notamment la forme ovale. Ils se trouvent le plus ordinairement situés à la partie inférieure du pis, un peu au-dessus des trayons postérieurs. Excepté les épis dont la forme est ovale, tous les épis qui empiètent sur l'écusson en diminuent plus ou moins la valeur, selon qu'ils sont plus ou moins grands.

Un dessin d'écusson bien formé, avec poil fin, indique un individu qui appartient au premier ordre de sa classe; mais quand l'écusson est envahi, sur une portion de sa surface, par des épis, la vache est moins bonne laitière.

En général, quand on verra dans l'écusson un épi à droite ou à gauche des cuisses, on peut être assuré qu'il existe une altération dans les vaisseaux situés au-dessous de chaque côté du ventre, qui sont les veines mammaires. Si on les touche, dit Guénon, avec la main du côté où l'épi empiète sur l'écusson, on trouvera le vaisseau moins gros, et le trou qui le termine moins large, moins profond que celui du vaisseau du côté opposé. C'est ce qu'il est facile de constater en y enfonçant le bout du doigt.

Quand l'écusson est plus large aux environs de la vulve que dans le milieu de sa longueur, pour avoir son produit approximatif, on compense la portion la plus large par la plus étroite, et, ne tenant compte que de l'étendue moyenne ainsi obtenue, ou le classera dans l'ordre le plus en rapport avec sa forme et son étendue. Y a-t-il une dépendance physiologique entre l'étendue de l'écusson et l'activité des mamelles? Cette question est grave, car de sa solution affirmative ou négative découle comme conséquence la validité ou la nullité du système Guénon.

De vastes écussons indiquent, dit M. Magne, qui s'est spécialement occupé du choix des vaches laitières, que les bêtes sont bonnes, tandis que les épis se remarquent sur les vaches qui tarissent peu de temps après avoir été fécondées. Cet auteur admet que la direction des poils est surbordonnée à celle des artères ; que lorsqu'une large plaque de poils est dirigée de bas en haut sur la face postérieure du pis et sur le périnée, cela prouve que les artères qui se rendent à la mamelle sont grosses ; qu'elles la dépassent en arrière, qu'elles y portent beaucoup de sang, et que, partant, elles en activent les fonctions ; que des épis supérieurs, placés sur les côtés de la vulve, prouvent que les artères des organes génitaux sont fortement développées, s'étendent jusqu'à la peau, et qu'elles impriment une grande activité à ces organes, d'où résulte qu'après la fécondation, ils attirent le sang qui se portait aux mamelles, et font diminuer, cesser même, la sécrétion du lait. Enfin d'après le même auteur que nous citons avec d'autant plus de confiance que tous ses écrits sont empreints d'une conviction basée sur l'expérience, les épis indiquent que les vaches sont mauvaises laitières, et qu'elles gardent le lait peu de temps. Les écussons ont une signification différente ; d'une manière générale, plus ils sont développés, plus les vaches ont de lait.

D'après Guénon, les écussons sont au nombre de dix, parfaitement distincts par leur forme. Ils représentent dix classes ou familles ainsi spécifiées :

1re Classe......... Flandrines.
2me   —   .... Flandrines à gauche.
3me   —   .... Lisières.
4me   —   .... Courbes-lignes.
5me   —   .... Bicornes.
6me   —   .... Doubles-lisières.
7me   —   .... Poitevines.
8me   —   .... Équerrines.
9me   —   .... Limousines.
10me   —   .... Carrésines.

Telles sont les dix divisions principales établies par Guénon, les seules auxquelles il aurait dû au moins s'arrêter. Les dénominations affectées à chaque classe ou famille sont purement arbitraires; elles répondent tout simplement à l'idée que s'en est formé l'auteur.

1re : *Flandrines.* — **A** cette première classe appartiennent les vaches les plus productives, les plus abondantes en lait. Elles se rencontrent dans toutes les races.

Caractères : Pis fin et souple, couvert d'un léger duvet qui remonte, à partir du milieu des quatre trayons, dans toute l'étendue de la partie postérieure; le poil montant prend aussi en dedans et au-dessus des deux jarrets, se prolonge le long des cuisses et déborde tant à droite qu'à gauche, en se resserrant vers la vulve. Ordinairement les vaches ont au-dessus des trayons de derrière deux petits épis nommés ovales, formés par du poil descendant. Cette forme de l'épi se distingue par la couleur du poil, plus blanc que celui de l'écusson. De plus l'intérieur et le fond des cuisses, jusqu'à la vulve, est d'une couleur jaunâtre parsemée de plusieurs taches noires et rousses. En grattant l'épiderme dans cette partie, on détache des pellicules d'où tombe une poussière un peu semblable à du menu son, et qui constitue un des caractères distinctifs dénotant, avec la quantité, la qualité butyreuse du lait.

2ᵉ : *Flandrines à gauche*. — Cette dénomination est due à ce que les vaches de cette classe présentent par le côté gauche le caractère de la Flandrine.

Caractères : Pis fin, couvert d'un petit duvet, qui, remonté à partir du milieu des quatre trayons, prend au dedans et un peu au-dessus des jarrets, s'étend et déborde sur les cuisses. Le côté droit de l'écusson est arrêté par une ligne transversale qui se dirige vers le centre des cuisses. Une ligne s'élève verticalement sur la partie gauche, jusqu'à l'extrémité supérieure de la vulve où l'écusson se termine sur une largeur d'environ 8 à 10 centimètres. Cet écusson porte aussi deux épis nommés ovales, formés de poils descendants, et ayant chacun environ 4 à 5 centimètres de largeur sur 8 à 10 de hauteur.

3ᵉ : *Lisières*. — La portion ascendante de l'écusson est dessinée par un poil montant en forme de lisière, s'élevant verticalement et se terminant à la vulve sans aucune interruption. L'écusson prend au milieu des quatre trayons, s'étend en dedans des cuisses et monte au-dessus des jarrets, en débordant ensuite à droite et à gauche. Au-dessus, et vis-à-vis des trayons postérieurs, se trouvent deux épis ovales, formés de poils descendants et qui ont à peu près la même largeur que ceux signalés à l'ordre des vaches flandrines.

4ᵉ : *Courbes-lignes.* — Dans cette classe, l'écusson formé par le contre-poil a vers le haut quelque ressemblance avec un cœur. Les vaches qui appartiennent à cette classe sont abondantes en lait (24 litres par jour). La peau de l'écusson est recouverte de pellicules épidermiques safranées; la marque est plus évasée vers le haut; elle prend au milieu des quatre trayons, en dedans et au-dessus des jarrets, et monte en débordant à droite et à gauche jusqu'au milieu des cuisses. De chaque côté partent deux lignes courbes, concaves, qui se terminent environ à 4 ou 5 centimètres de la vulve. Au-dessus et vis-à-vis des trayons de derrière, il y a deux épis ovales de poils descendants.

5ᵉ : *Bicornes.* — Vaches productives et abondantes en lait (24 litres par jour et maintien jusqu'au huitième mois de la gestation), caractérisées par un écusson ayant deux cornes montantes qui se terminent à une distance d'environ 1 décimètre de la vulve, et le milieu se rabaisse entre les cornes. Départ de l'écusson du milieu des quatre trayons en dedans et au-dessus des deux jarrets, il déborde sur les cuisses, et de là décrit de chaque côté une légère courbe ascendante, puis la courbe se cintre en s'abaissant jusqu'au point de réunion de la ligne droite avec la ligne gauche. Deux épis fessards de poil montant d'environ 5 centimètres de long et 1 centimètre de large; au-dessus et vis-à-vis des trayons postérieurs sont deux épis ovales.

6e : *Doubles-Lisières*. — La production laitière est de 22 litres par jour avec diminution progressive pendant la gestation jusqu'au huitième mois.

Caractères : Écusson qui dans toute sa longueur est séparé en deux parties égales par une bande de poils descendants; cette bande, d'une largeur de 8 à 10 centimètres, enveloppe la vulve à sa naissance, se dirige près des quatre trayons. Elle est bordée de chaque côté, dans toute sa longueur et à son extrémité, par une double ligne de poil montant dont la largeur est d'environ 2 centimètres; cette ligne prolonge l'écusson dans la direction de la vulve. Cet écusson prend son point de départ du milieu des quatre trayons en dedans et au-dessus des jarrets, monte, puis se limite de chaque côté par une ligne transversale; ces lignes, à une petite distance l'une de l'autre, prennent une direction ascendante et se terminent au haut de chaque côté de la vulve.

7e : *Poitevines*. — Rendement, 24 litres de lait par jour dans la force de production; maintien jusqu'au huitième mois de la gestation.

Caractères : Peau de l'écusson comme dans la

classe précédente; pis fin, couvert d'un duvet soyeux dans l'intérieur des cuisses ; les pellicules qui s'en détachent sont douces et onctueuses aux doigts. L'écusson prend à partir du milieu des quatre trayons, en dedans et en dessus des jarrets, déborde vers le milieu des cuisses jusqu'aux points d'où partent deux lignes transversales aboutissant à une distance de 12 à 15 centimètres. De là une double ligne de poil montant se prolonge et va se terminer carrément au-dessous de la vulve. Cette portion transversale a une largeur de 6 à 8 centimètres, et s'arrête à une distance d'environ 15 centimètres de la vulve ; plus elle sera large, plus elle se rapprochera de la vulve, plus la vache donnera de lait. — Un épi de poil descendant d'environ 1 décimètre de longueur sur 5 à 6 centimètres de large, forme, au-dessus des trayons de derrière deux ovales. Deux épis fessards de poil montant se trouvent à droite et à gauche de la vulve. Ces épis ont environ 4 à 5 centimètres de long et 1 centimètre de large. Le poil est court, fin et très-distinct ; sa couleur est plus blanche que celle du poil de l'écusson.

8ᵉ : *Équerrines.* — Dans la force de lait les vaches de cette classe donnent 22 litres par jour et le maintiennent jusqu'à ce qu'elles soient pleines de 8 mois.

Caractères : Pis souple, couvert d'un duvet court et fin. L'écusson part du milieu des quatre trayons, va au fond des cuisses en dedans, s'arrête un peu au-dessus des jarrets et déborde de chaque côté, puis il trace deux lignes horizontales ; il remonte ensuite jusqu'à 5 à 6 centimètres au-dessous de la vulve ; de ce point part une bande horizontale qui s'étend légèrement à gauche ; puis elle prend une direction verticale qui s'élève jusqu'à la partie supérieure de la vulve, et forme une véritable équerre. Deux épis ovales se trouvent situées au-dessus des trayons de derrière. Les équerres les plus rapprochées de la vulve et formées de poil le plus fin annoncent les meilleures laitières.

9e : *Limousines.* — Rendement des vaches de cette classe, 20 litres de lait par jour ; elles le maintiennent jusqu'à ce qu'elles soient pleines de 8 mois.

Caractères : Écusson dont la peau est de même couleur que dans les classes précédentes. Pis souple, avec poil doux et soyeux ; l'écusson part aussi du milieu des 4 trayons, s'étend en dedans et au-dessus des jarrets, remonte et déborde sur les cuisses ; puis il se dirige transversalement à droite et à gauche, jusqu'à une distance de 1 décimètre entre ces deux lignes. De la terminaison de chacune de ces lignes s'élancent 2 autres lignes obliques qui vont se rejoindre, près de la vulve, à 1 décimètre environ et sous un angle très-aigu.

Du milieu de l'espace qui sépare le pis de la vulve deux lignes transversales vont en s'abaissant l'une vers l'autre ; leur distance alors est d'environ 1 décimètre. De cette distance s'élancent deux lignes obliques qui convergent et se rejoignent près de la vulve, à 1 décimètre de distance environ et aussi sous un angle très-aigu. Deux épis fessards de poil montant se trouvent à droite et à gauche de la vulve; ils ont environ 5 centimètres de long sur 1 centimètre de large. Au-dessus des trayons postérieurs sont deux épis ovales de poil descendant qui ont la même largeur que ceux des classes précédentes.

10ᵉ : *Carrésines.* — Cette dernière classe ne renferme que des vaches dont le rendement est de 20 litres de lait par jour. Cette quantité, dit Guénon, se maintient jusqu'au huitième mois de la gestation.

Caractères : Écusson de forme carrée avec pellicules qui se détachent sous forme de poussière de couleur jaunâtre; poil court, fin et soyeux. L'écusson a son point de départ au milieu des quatre trayons, prend en dedans et un peu au-dessus des jarrets, déborde en montant sur les cuisses, puis il part horizontalement d'une cuisse à l'autre, en coupant le pis vers le milieu; comme complément il faut deux épis fessards de poil montant, à droite et à gauche de la vulve. Ces épis indiquent le maintien du lait pendant la nouvelle gestation; ils ont 7 à 8 centimètres de largeur. Au-dessus des trayons postérieurs il y a deux épis ovales de poil descendant, dont la couleur est blanchâtre. Ces ovales sont de même dimension que dans les classes précédentes.

Telles sont les dix classes principales établies par Guénon. Certes c'est là un catalogue déjà fort étendu.

Eh bien, ces dix catégories, qui nous semblent résumer les observations à faire dans l'examen d'une vache pour connaître ses qualités laitières, ne sont pas les seules indiquées par l'inventeur du système. Guénon, ou peut-être bien le savant auquel il a eu recours pour traduire l'exposé de sa méthode, s'est laissé entraîner trop loin. Chacune des divisions principales a été subdivisée en catégories selon la taille des animaux. Ainsi il y a dans chaque classe les bêtes de *haute taille*, de *taille moyenne*, de *petite taille;* puis, comme annexe, la description des vaches bâtardes appartenant à chaque catégorie, de telle sorte que ce système, s'écartant du principe sur lequel il est basé, ne renferme pas moins de 190 ordres ayant chacun leur rendement. N'est-ce pas là assurément une trop grande confiance dans l'idée mère du système ? N'est-ce pas pousser trop loin les conséquences du point de départ? Est-il possible, nous le demandons à tout homme sérieux, qu'on puisse, en y mettant toute la bonne volonté, toute l'attention dont l'esprit peut disposer, parvenir à se servir avec certitude d'une méthode aussi compliquée? Comme cela arrive souvent aux inventeurs, Guénon a voulu trop faire. Sa méthode naturelle, dit-il, permet de reconnaître et de classer les diverses espèces de vaches laitières selon 1° la quantité de lait qu'elles peuvent donner par jour; 2° le temps plus ou moins prolongé qu'elles tiennent leur lait; 3° la qualité de leur lait. Illusionné par sa découverte,

Guénon n'a pas craint de lui faire promettre trop : aussi les résultats erronés auxquels il est lui-même arrivé en certaines circonstances n'ont pas peu contribué à démontrer que son système n'est pas vrai dans tous ses détails.

En résumé, il faut reconnaître que le principe sur lequel est établie la méthode Guénon mérite confiance, et qu'il peut diriger dans l'appréciation de la vache laitière. Ce qui surtout recommande ce système, c'est qu'à la différence des autres signes locaux, qui n'apparaissent guère qu'au fur et à mesure du développement des qualités, celui sur lequel il est établi existe avant que les qualités soient matériellement établies : il les annonce, et avec lui on peut préjuger la valeur laitière de la vache. Mais cette méthode, bonne pour indiquer d'une manière générale si une vache est forte productrice de lait, perd assurément de sa valeur quand on veut en faire une application trop circonstanciée, quand on veut connaître, par exemple, la quantité exacte du lait que les mamelles sécrètent en un jour. Le cultivateur trouvera dans les signes indiqués par Guénon des données qui, rapprochées des autres signes reconnus depuis longtemps comme appartenant aux bonnes vaches, l'aideront puissamment dans le choix qu'il sera appelé à faire des femelles bovines : c'est pourquoi nous avons rapporté avec quelques détails les signes caractéristiques des dix principales classes établies par Guénon.

Système Lemaire.

Nous avons rapporté textuellement dejà les observations de Lemaire, relatives aux caractères de la vache laitière; l'examen des signes par lui décrits nous amène à reconnaître qu'au nombre de ces indications il en est qui, de tout temps, ont été recherchées par les observateurs intelligents et que les signes spéciaux sont peu nombreux. Ces caractères sont : les trois creux situés au front, au-dessus de la paupière supérieure, au-dessous de la paupière inférieure; la fossette très-profonde placée à la pointe de l'épaule, la corde butyreuse du flanc, enfin le poitrail étroit, la poitrine également étroite, courte, sanglée derrière les épaules. Nous avons précédemment dit que les lois physiologiques sont contraires à cette conformation ; restent donc comme appartenant à Lemaire les premiers signes. Ceux-ci ont-ils réellement de la valeur dans l'appréciation à faire des qualités d'une vache laitière? Nous voulons bien le croire, puisque les auteurs qui, depuis 1850, se sont occupés de ce sujet ont pris en considération le travail de Lemaire, mais nous ne saurions admettre que le tableau soit intéressant et juste dans tous ses détails. Aussi Lemaire dit-il lui-même qu'en plus des caractères qu'il indique, il faut que les vaches aient les marques bien franches du système Guénon. De ce que les signes de Lemaire trouvent leur application sur la vache flamande, peut-on conclure qu'ils existent, bien accusés, sur les vaches des autres races? Cependant dans les races autres que la flamande il y a aussi des individus bons producteurs de lait. En un mot, la présence de ces signes sur une femelle bovine présentant déjà les caractères mentionnés par Guénon affermira mieux la conviction, mais seuls, en l'absence de ceux-ci, ils n'ont qu'une valeur moindre ne permettant pas d'asseoir un jugement certain.

Système de M. Magne.

Le meilleur traité que nous connaissons sur la vache laitière est celui rédigé par M. Magne, l'habile directeur de l'école d'Alfort. Cet auteur ne s'est pas laissé éblouir par les avantages que l'on accordait généralement au système Guénon. Alors que cette découverte jouissait de toute sa vogue, M. Magne soutenait qu'on l'avait exagéré en importance et qu'on augmentait, sans utilité, les difficultés de son application en donnant comme nécessaire la classification exposée dans le traité des vaches laitières de Guénon.

M. Magne a étudié avec grand soin la vache laitière ; le fruit de ses observations, il l'a consigné dans l'ouvrage que nous allons analyser.

Les signes indiquant les qualités lactifères de la vache doivent être recherchés dans la constitution, le tempérament de l'animal, dans la force relative des divers appareils.

Considérée sous le point de vue de sa conformation

générale, la vache bonne laitière est rarement gra-
cieuse à l'œil ; rarement elle a de l'embonpoint ; elle
est mince, avec des éminences osseuses saillantes, chez
elle la peau est détachée des tissus sous-jacents ; le
tempérament est sanguin, lymphatique ; la physionomie s'éloigne de celle du mâle de la même espèce ; le
caractère est doux et aimable. La conformation de la
tête est relative aux caractères de la race à laquelle appartient l'animal ; elle sera mince, étroite vers la région des cornes ; bouche large, lèvres épaisses, naseaux grands, dilatés, bien ouverts, paupières bien
fendues, yeux grands, assez saillants, regard doux et
féminin. L'épaule est comme simplement appuyée
contre la poitrine et semble à peine y adhérer ; dos
large ; échine souvent double dans sa moitié postérieure ; bassin très-développé ; lombes longs et larges,
hanches fortement écartées, os du bassin saillants ;
cuisses éloignées l'une de l'autre ; la queue descend
au-dessous des jarrets ; elle est plus longue et moins
grosse à la base que dans les bonnes bêtes de boucherie ; ventre ample, surtout dans les vaches âgées.
Poitrine ample ; poitrail large, saillant, descendant
bas ; côtes longues, arquées sur toute leur longueur et
notamment à l'extrémité supérieure ; garrot épais ;
poitrine bombée en arrière de l'épaule et du coude ; colonne du dos et des reins longue, droite, horizontale,
non ensellée.

Arrivant ensuite aux signes locaux, M. Magne veut

chez la vache laitière des mamelles grandes et saines ; trayons volumineux, souples, non obstrués, couverts d'une peau douce et exempts d'induration ; écartés les uns des autres. Le pis est volumineux, énorme dans les très-bonnes vaches, descendant très-bas ; quelquefois il s'avance près du nombril et occupe exactement l'entre-cuisses. Il ne sera pas charnu, ni résistant, ni graisseux. Les veines qui existent sur les parties latérales sont grosses et fortement variqueuses sur toute leur longueur dans les très-bonnes vaches ; les ouvertures par lesquelles ces vaisseaux pénètrent dans le corps doivent être larges.

Les veines du pis qui se présentent sous forme de lignes noueuses plus ou moins obliques, en zigzags, sont fortement développées, grosses et variqueuses, celles du périnée se dirigent de haut en bas en formant une ligne flexueuse parsemée de nodosités ; le plus ordinairement elles sont surtout sensibles dans l'entre-cuisses et à la base du périnée. Elles ne sont apparentes ni dans les génisses ni dans les bêtes de médiocre qualité ; on ne peut en constater la présence que dans les très-bonnes vaches. Les veines du périnée, dans les laitières, forment un réseau sous-cutané qui soulève plus ou moins la peau. Pour les rendre apparentes, il faut le plus souvent presser la peau en travers, à la base du périnée. La pression les fait gonfler et les rend sensibles à la vue et au toucher. Dans les meilleures vaches, elles se dessinent par une ligne peu saillante, mais grosse, bosselée. Il faut aussi avoir égard à leur volume; si elles sont minces, elles n'indiquent pas de très-bonnes vaches.

En plus des vaisseaux sanguins, M. Magne s'attache à la présence des vaisseaux lymphatiques signalés pour la première fois par Lemaire. Dans les très-bonnes vaches, ces vaisseaux, sur le trajet desquels se trouvent des nodosités situées de distance en distance, forment vers la région du flanc, le long du bord antérieur de la cuisse en dedans, une corde ou des cordes noueuses que l'on sent au toucher.

M. Magne, prenant aussi en considération pour apprécier la vache laitière la présence des épis et des écussons, comme le prescrit Guénon, arrive à ces conclusions : que les épis indiquent que les vaches sont mauvaises laitières et qu'elles gardent le lait peu de temps ; ils caractérisent les vaches que Guénon appelle *bâtardes*. La durée de la lactation est d'autant moindre qu'ils sont plus développés ; que les écussons au contraire indiquent d'une manière générale que plus ils sont développés, plus les vaches ont du lait ; quand il y a une grande différence d'étendue entre la partie droite et la partie gauche de l'écusson, on remarque que la mamelle du côté de la partie développée donne plus de lait que celle de la partie opposée.

Après avoir examiné et rationnellement expliqué la valeur des signes généraux et des signes locaux qui caractérisent la vache bonne laitière, M. Magne, pour qui, et il a de nombreux partisans, une classification la plus simple est la meilleure, expose la catégorie qu'il a lui-même établie sur l'ensemble des caractères des vaches et sur le rendement qu'elles fournissent. Les vaches sont partagées en quatre classes : 1° vaches très-bonnes ; 2° vaches bonnes ; 3° vaches médiocres ; 4° vaches mauvaises.

1° *Vaches très-bonnes.*

Sont rangées dans cette classe les vaches dont les deux parties de l'écusson, la mammaire et la périnéenne, larges, continues, unies, recouvrent au moins en grande partie le périnée, le pis et la face interne des cuisses, s'étendent plus ou moins sur les jambes et n'offrent pas d'interruption ou n'en offrent que de petites (ovales) situées sur la face postérieure du pis.

Cet écusson peut se trouver aussi sur des bêtes qui devraient être rangées dans la classe suivante. Mais on pourra considérer comme très-bonnes, comme donnant autant de lait que le comportent leur taille, leur nourriture et les circonstances hygiéniques dans lesquelles elles se trouvent, les vaches qui présentent les caractères suivants :

Veines du périnée grosses, variqueuses, visibles à l'extérieur ou que l'on rend facilement visibles en les comprimant à la base du périnée ; veines du pis grosses, noueuses, veines lactées grosses, souvent doubles, égales des deux côtés et formant des zigzags, des varices sous le ventre.

Pis homogène, très-volumineux, mais souple, diminuant beaucoup par la mulsion et couvert d'une peau mince, de poils fins ; quatre mamelons bien développés ; plus deux, trois mamelons complémentaires.

Bonne constitution ; poitrine ample, appétit régulier, grande propension à boire. Vaches plutôt maigres que grasses.

Aux signes fournis par les veines, par le pis et par l'écusson, s'ajoutent les caractères propres aux races laitières : peau mince, souple ; poil court, doux ; tête petite ; cornes fines, œil vif, regard doux, air féminin, encolure grêle ; bassin ample, hanches écartées.

Les vaches de cette classe sont très-rares ; elles donnent, les petites, de 12 à 15 litres de lait par jour, et les plus fortes, de 25 à 35 ; il s'en voit quelquefois qui en donnent davantage.... Elles gardent le lait très-longtemps ; les meilleures ne tarissent pas : si l'on continue de les traire, elles donnent jusqu'au moment du vélage 10, 12, 15 litres de lait par jour.

2me : *Vaches bonnes.*

Les meilleures vaches qu'on trouve dans le commerce et chez les fournisseurs des villes appartiennent à cette classe. Caractères : partie mammaire de l'écusson bien développée, mais la partie périnéenne est courte, ou resserrée, ou nulle, ou bien les deux parties de l'écusson sont médiocrement développées ou légèrement échancrées. Pour que ces caractères soient considérés comme certains, il faut que les veines du périnée forment sous la peau un réseau qui, sans être très-apparent, se sent à la pression ; que les veines abdominales soient grasses, bien développées, quoique paraissant moins noueuses, moins saillantes que dans les vaches de la première classe ; enfin que le pis soit bien développé et présente des veines nombreuses, sinon très-grosses.

Quand cet état des vaisseaux sanguins existe, les vaches sont bonnes, quelle que soit la direction du poil qui couvre le périnée. Il faut se méfier des vaches chez lesquelles l'écusson n'est pas accompagné de grosses veines. Cette remarque s'applique surtout aux vaches qui ont déjà fait plusieurs veaux et qui sont dans la force du lait ; elles sont médiocres ou mauvaises, quelle que soit l'étendue de l'écusson, si les veines du ventre ne sont pas grosses et celles du pis apparentes.

Les vaches petites de cette classe donnent de 8 à 12 litres de lait par jour et les plus grandes de 15 à 20. Elles conservent le lait longtemps quand elles n'ont pas d'épis. Au 7me et au 8me mois de la gestation, elles donnent 6, 8, 10 litres par jour.

3me : *Vaches médiocres.*

Lorsque l'écusson ne présente absolument que la partie mammaire médiocrement développée, lorsque la partie périnéenne est resserrée, étroite, irrégulière ou entamée par une plaque de poils descendants, les vaches sont médiocres.

Le pis est peu développé ou dur, et diminue très-peu par la traite. Les veines du périnée sont peu apparentes et celles qui longent les parois inférieures de l'abdomen sont petites, droites, quelquefois inégales ; alors l'écusson n'est pas symétrique, et la vache donne plus de lait du côté où la veine est plus grosse.

Caractères : ces vaches ont la tête forte, la peau épaisse, roide ; ordinairement en bon état et même grasses, elles sont belles et paraissent bien conformées.

Les vaches de cette classe donnent, selon leur taille, 4, 5, 10, 12 litres de lait. Ce liquide diminue rapidement et tarit vers le quatrième ou le cinquième mois de la gestation.

4° *Vaches mauvaises.*

Les vaches mauvaises laitières sont ordinairement en bon état ; elles ont les cuisses charnues, la peau épaisse, dure, l'encolure forte, la tête grosse. Mais on trouve aussi, parmi les mauvaises vaches, des bêtes à tête très-fine, à encolure courte et grêle, de vrais modèles de bêtes de boucherie.

En général, elles sont grosses et potelées, mais les unes et les autres sont dépourvues des signes locaux qui annoncent les bonnes laitières.

Le pis est dur, petit, *charnu*, souvent couvert d'une peau à poils longs, rudes. On n'aperçoit des veines ni sur le périnée ni sur le pis ; celles de l'abdomen sont très-peu développées, et les écussons ordinairement très-resserrés.

Avec ces caractères, les vaches ne donnent que quelques litres de lait par jour et tarissent peu de temps après la mise bas ; quelques-unes peuvent à peine nourrir leurs veaux, même quand elles sont bien soignées et bien nourries.

Tel est aussi le système de M. Magne. Si, tout en admettant le principe, nous avons trouvé que la méthode Guénon est trop détaillée, nous ne saurions faire la même observation pour celle que nous venons d'exposer en dernier lieu. Quatre classes seulement dans lesquelles doivent être rangées toutes les vaches laitières, cela simplifie beaucoup les difficultés et donne moins souvent lieu à l'erreur. M. Magne admet le plus grand nombre des signes généraux acceptés avant lui comme caractères de la vache bonne laitière ; il choisit dans les données de Lemaire ce qu'il croit bon ; il reconnaît, il explique même comment les écussons de Guénon peuvent traduire les qualités laitières. En plus des signes admis par les zootechniciens, cet auteur insiste sur la présence des veines des mamelles et du périnée. Ces signes locaux, sur lesquels l'attention n'avait pas encore été attirée, ont assurément une grande valeur. La présence des veines est assez facilement reconnue à l'œil ou est rendue apparente par la compression des vaisseaux à la base du périnée.

La méthode préconisée par M. Magne nous semble

devoir être adoptée de préférence aux autres, parce qu'elle résume ce qu'il y a de physiologiquement vrai dans les autres systèmes ; parce qu'elle n'est pas établie sur des distinctions nombreuses, toujours embarrassantes en présence des animaux à observer, parce qu'aussi elle repose sur le nombre plus ou moins élevé, sur la dilatation plus ou moins grande de veines situées sur la mamelle et sur le périnée, et qu'il résulte des lois de la physiologie que plus la circulation est active dans un organe, plus les fonctions de ce même organe sont complètes.

Les principaux signes caractéristiques de la vache forte laitière sont d'une incontestable utilité pour le cultivateur ; cependant celui-ci ne saurait y avoir recours dans toutes les circonstances ; si, sur un marché, l'acquéreur voulait rechercher tous ces signes avec détail, il lui faudrait assurément trop de temps. En pareille circonstance l'acheteur s'adresse plutôt au coup d'œil général, à l'expérience, qui l'amènent à connaître de prime abord si la vache est bonne ou mauvaise. Ce premier coup d'œil trompe rarement le praticien ; il fait son opinion avant qu'il ait pu même la raisonner. Il y a dans l'habitude extérieure de la vache un ensemble particulier, un *je ne sais trop quoi*, qui frappe agréablement ou désavantageusement. La première impression est-elle favorable, on cherche alors à savoir si la vache présente ou ne présente pas les signes de la bonne bête. Les regards de l'acheteur se portent sur l'existence des caractères généraux, peau souple, poil lisse, regard doux, cornes fines, naseaux larges, bouche bien fendue, poitrail large, poitrine spacieuse, ventre moyennement développé chez les génisses, fortement développé chez les vaches faites ; échine droite depuis le garrot jusqu'à la queue ; reins larges, bassin ample, queue longue, pas grosse à son origine. Tous ces signes se voient en promenant un regard rapide sur l'animal, — c'est l'affaire d'un instant.

L'attention se porte ensuite sur la présence des signes locaux : veines du dessous du ventre grosses, variqueuses, pénétrant dans l'abdomen par des ouvertures vastes ; pis bien pendu, volumineux, mais non charnu ; mamelles sans nodosités à l'intérieur ; trayons égaux, bien développés, donnant passage au lait ; peau de la mamelle fine, recouverte de poils rares et fins : cette peau laisse aux doigts une farine jaunâtre ; présence de l'écusson dont le développement plus ou moins grand a l'importance que nous connaissons ; existence des épis. Les veines qui serpentent sur les mamelles et celles situées sur le périnée fixeront surtout l'attention.

L'investigation des signes locaux doit se faire sans prétention aucune ; l'acheteur tourne autour de la vache ; il semble toujours l'examiner dans son ensemble, bien qu'il s'attache aux caractères spéciaux.

Pour bien connaître pratiquement les systèmes que

nous venons d'exposer, ce n'est point sur les foires et marchés que l'étude peut en être faite ; il faut voir les animaux dans les étables. Là on se rend facilement compte des appréciations parce que le propriétaire des animaux accuse exactement le rendement de chaque vache.

La preuve que le système Guénon et que la méthode de M. Magne ont de la valeur se trouve dans cette considération que les marchands de vaches cherchent à soustraire les signes indiqués par ces auteurs aux yeux des acquéreurs à l'aide de certaines précautions.

Les poils du pis sont-ils longs et nombreux, les marchands les arrachent ou les brûlent ; depuis que le système Guénon a été prôné, bien qu'un petit nombre de personnes dans les campagnes le connaissent bien aujourd'hui, les vendeurs rusés rasent les poils du pis. De cette façon, ils dissimulent les mauvais signes ou le défaut d'existence des bons caractères. A l'aide de coups de ciseaux habilement donnés ils essayent de simuler le dessin d'un écusson avantageux.

Pour faire paraître le pis volumineux, on a aussi la précaution de ne pas traire la vache la veille du jour où elle doit être conduite sur le marché ; comme le lait accumulé dans la mamelle se perdrait passivement en route, les bouts des trayons sont noués avec des fils de laine. Bien entendu que ces liens sont ôtés avant l'arrivée de l'acheteur. Ce moyen peu consciencieux se reconnaît assez facilement à la tension excessive des parois du pis et aussi à la roideur divergente des trayons.

C'est avec une lime fine qu'on donne aux cornes le grain que le connaisseur aime à trouver dans ces parties de la tête de la vache laitière; grâce au mordant de ce même instrument on fait disparaître les cercles souvent interrogés par les acheteurs dans le but de savoir l'âge de l'animal. Une attention même légère fait reconnaître cette préparation; car, malgré toutes les précautions prises, le cercle enlevé se voit à la nuance blanche de la corne.

Le commerce des chevaux donne lieu assurément à de nombreuses fraudes; celui des vaches, on le voit, n'en est pas non plus exempt. C'est pourquoi on ne saurait trop conseiller d'apporter dans l'acquisition d'un animal un soin et une méfiance d'autant plus grands, que le vendeur a pris plus de précaution pour la toilette de sa vache. Pourquoi raser les poils du pis d'une vache qui présente sur cette partie du corps les signes admis comme caractérisant la bonne laitière? — C'est qu'en traitant toutes les bêtes de la même manière, on ne semble pas ne s'occuper que des médiocres ou des mauvaises.

CHAPITRE HUITIÈME

De la castration de la vache laitière. — Procédé opératoire ancien. — Méthode de M. Charlier. — Avantages qu'on retire de l'opération.

Quelques jours avant la parturition une activité fonctionnelle se produit dans les mamelles de la femelle bovine, et après le vêlage la sécrétion lactée est assez abondante pour que le jeune sujet puisse trouver, dès les premiers moments de sa naissance, la nourriture dont il a besoin. La nature, dont la vigilante attention n'est jamais en défaut, veut que chez la mère la production du lait se soutienne, s'accroisse même tant que cet aliment est nécessaire à l'entretien du jeune veau. Après quelques mois la sécrétion mammaire finirait par se tarir si elle n'était activée, plusieurs fois par jour, par la traite à laquelle les bêtes sont soumises. Cependant, malgré l'excitant quotidien, la mulsion diminue au fur et à mesure que le veau grandit et qu'on s'éloigne du moment de la parturition. Arrive une époque, enfin, où la quantité de lait extrait des mamelles est presque insignifiante. Pour obtenir une nouvelle activité, il faut attendre l'époque d'une nouvelle parturition. Ainsi, avant chaque vêlage les vaches se tarissent de lait ; il y a sans doute des exceptions fournies par des bêtes très-fortes laitières, mais ces exceptions ne sauraient détruire la règle générale. C'est pour obvier à cet inconvénient naturel que l'on a eu l'idée de pratiquer sur les femelles bovines une opération dite la *castration*.

Cette opération chez la vache remonte, dit-on, au seizième siècle. Des essais tentés à des distances éloignées et dont les conséquences furent malheureuses pour la plupart, arrêtèrent la propagation de ce procédé. La castration des femelles bovines était à peu près abandonnée, quand M. Levrat, vétérinaire distingué de Lausanne (Suisse), en obtint de bons résultats. Toutefois la nouvelle vogue de la castration de la vache fut de courte durée à cause des pertes nombreuses qu'entraînèrent de nouveaux essais. Le procédé opératoire employé alors consistait à inciser les parois abdominales, à la région du flanc du côté gauche ou du côté droit ; puis on allait chercher avec la main introduite par l'incision dans le ventre, de petits organes glandulaires, dits *ovaires*, où se forment les *œufs* destinés à fournir les jeunes sujets après la fécondation par le mâle. Ces ovaires amenés au dehors de l'abdomen étaient ensuite détachés des parties avec lesquelles ils avaient de l'adhérence ; on faisait enfin des points de suture à l'aide d'une aiguille et de fils cirés, et l'opération était terminée ; c'est ainsi qu'aujourd'hui encore les *châtreurs* opèrent les jeunes truies. Une telle pratique chirurgicale, on le com-

7

prend facilement, était très-souvent suivie d'accidents graves.

Tel était l'état de la question relative à la castration des vaches, lorsque M. Charlier a imaginé vers 1845 un nouveau mode opératoire qui n'a que fort rarement des conséquences fâcheuses. Voici sommairement en quoi consiste ce procédé : l'opérateur introduit ses mains par l'orifice extérieur des organes génitaux, dans le premier compartiment appelé le vagin ; il pratique, à l'aide d'un bistouri confectionné pour cet usage, une incision dans la paroi antérieure, puis, par cette incision, il va chercher avec les doigts un des ovaires qui, comme son congénère, se trouve suspendu à un ligament dans l'intérieur du ventre, et il l'amène dans le vagin en le tirant avec précaution à travers l'ouverture précédemment pratiquée. L'ovaire, après certaines manipulations préliminaires, dans les détails desquelles le cadre que nous nous sommes tracé ne nous permet pas d'entrer, l'ovaire, disons-nous, est saisi à l'aide d'une pince, puis tordu jusqu'à rupture du ligament qui le retient et des vaisseaux qui l'accompagnent. Après l'extraction du premier ovaire se fait l'extraction du second par la même ouverture pratiquée à la paroi antérieure du vagin. Aussitôt l'opération terminée, les lèvres de l'incision se rapprochent d'elles-mêmes. Ce procédé opératoire est moins douloureux que celui qui consiste à inciser le flanc ; aussi la vache accuse-t-elle peu de souffrance.

Nous sommes entré dans quelques détails sur le Manuel opératoire inventé et propagé par M. Charlier pour la castration des vaches, parce que cette méthode est répandue dans certaines contrées de la France, et qu'il est bien que les cultivateurs qui ne connaissent l'opération que de nom en aient au moins quelques notions.

La pratique de la castration des femelles bovines donne-t-elle des avantages sérieux? Prolonge-t-elle le rendement annuel du lait? Est-il enfin des cas de maladies des organes génitaux pour lesquels on doive avoir recours à cette opération? — Ce sont là des questions très-importantes, car de leur solution affirmative ou négative découle l'opportunité ou l'abandon de la castration des vaches.

Le principal effet de l'opération est, suivant ses partisans, de maintenir la sécrétion lactée au même chiffre de rendement que dans les premiers temps du vélage, suivant les qualités lactifères de la vache, la quantité et la nature des aliments qu'elle reçoit pendant douze, quinze, dix-huit mois et plus, sécrétion qui ne décroît que quand la formation de la graisse vient à prédominer sur celle du lait. M. Francillon-Michaud, agronome distingué du pays de Vaud, chez lequel la castration des vaches a été très-fréquemment employée, est arrivé à constater « que les vaches châtrées donnent *annuellement*, pendant les deux premières années, d'*un quart* à *un tiers en sus* de ce qu'elles donnaient les années précédentes, avant d'avoir subi l'opération. » Pour M. Regère, de Bordeaux, le résultat est aussi avantageux ; les vaches châtrées, dit-il, donnent sans interruption, après cette opération, une quantité au moins double de la moyenne de ce qu'elles donnaient les années précédentes.

Il nous serait très-facile de citer encore bon nombre d'attestations favorables à la castration considérée sous le rapport de la prolongation de la sécrétion lactée et de l'augmentation du rendement ; qu'il nous suffise d'avoir choisi entre toutes les opinions de quelques hommes recommandables.

Un autre avantage de la castration, c'est que l'opération empêche les chaleurs périodiques de la vache. Chaque fois que les organes génitaux font entendre leurs besoins, le rendement mammaire diminue notablement. Si les chaleurs ne se présentent plus, on n'éprouve pas de perte dans la production du lait.

Les résultats sont-ils les mêmes quand l'opération a été faite par le procédé Charlier ? « J'ai calculé, écrit ce vétérinaire, d'après de nombreuses observations minutieusement recueillies, qu'une vache castrée dans de bonnes conditions, c'est-à-dire six semaines à deux mois après le vélage, quand elle est jeune encore, qu'elle possède quelques qualités lactifères et qu'elle est bien nourrie, peut donner le *double* du rendement annuel de la vache qui porte chaque année, et fournir en moyenne de 13 à 1,400 litres de lait en plus de celles qui sont le moins dérangées par les ruts, bien qu'elles soient privées du taureau. Ainsi, il n'est pas rare de voir des vaches castrées produire dans leur première année de lactation 4, 5 et 6,000 litres de lait. »

Quiconque a des vaches en sa possession ou a étudié pendant quelque temps ce qui se passe dans les étables, sait que trop fréquemment on rencontre des femelles bovines dont les chaleurs sont souvent répétées, chez lesquelles l'approche du mâle est sans effet. Ces vaches sont dites en certains pays *taureillières*, en certains autres *robinières*. Le retour si fréquent des chaleurs, les rapprochements infructueux avec les mâles sont le plus ordinairement dus à des congestions des ovaires et de l'utérus, conséquences du besoin outré de l'accouplement. Il y a chez ces animaux un état érotique permanent et si fort qu'ils ne peuvent concevoir. Cet état érotique devient maladif; les femelles qui l'éprouvent sont dans une anxiété continuelle; elles ne donnent pas de lait, ou tout au moins le peu de liquide qu'on extrait des mamelles est échauffé et de mauvaise qualité. La castration pratiquée sur ces femelles au moment où elles donnent encore du lait, arrête la maladie dans son cours. Dès lors, non-seulement il n'y a plus retour des chaleurs, mais aussi le rendement des glandes mammaires est suivi.

En somme, il semble résulter des expériences tentées il y a déjà longtemps et de celles faites depuis l'invention du procédé Charlier, que la castration appliquée aux femelles de l'espèce bovine a pour conséquence de maintenir la sécrétion laiteuse au même chiffre de rendement que dans les premiers temps du vélage ; que le lait fourni par les animaux opérés gagne en qualité; qu'enfin ce procédé est mis en pratique avec avantage sur les bêtes taureillières ou robinières.

Dire que toutes les opinions sont unanimes sur ces conclusions, ce serait avancer un fait inexact; comme cela a lieu, au reste, pour toute invention de mérite, l'opération de la castration a ses partisans et ses adversaires. Néanmoins, en pesant, sans parti pris, les essais faits et les résultats accusés ; en lisant avec impartialité les raisons alléguées pour et contre, on est porté à penser que l'opération offre les avantages qui lui sont attribués pour le rendement du lait.

Une considération d'une grande importance aussi est celle qui a trait aux conséquences plus ou moins heureuses des opérations. Si nous en croyons M. Charlier, la mortalité, suite de la castration, est minime. N'est-il pas à craindre que l'inventeur ne se soit exagéré les avantages et les résultats de sa méthode chirurgicale? Généralement les propriétaires aiment peu à faire pratiquer des opérations sur les animaux bien portants Il est toujours dangereux d'expérimenter sur des vaches et de les exposer à des accidents qui surviennent,

hélas ! déjà trop souvent dans les circonstances ordinaires. N'est-ce pas à ces considérations qu'il faut
attribuer le peu d'empressement qu'on met en certaines contrées de la France à adopter la pratique de la
castration des vaches ? Prenons patience, si le procédé
Charlier présente tous les avantages qu'on lui prête,
il se popularisera avec le temps.

FIN.

Race normande.

Race flamande.

Race bretonne.

Race bretonne.

Race comtoise.

Race comtoise (variété fémeline).

Race hollandaise.

TABLE DES MATIÈRES

CHAPITRE CINQUIÈME

CHAPITRE SIXIÈME

CHAPITRE SEPTIÈME

CHAPITRE HUITIÈME

FIN DE LA TABLE DES MATIÈRES

Corbeil. — Imprimerie de Crété